BIBLIÓTHÈQUE
DE PHILOSOPHIE CONTEMPORAINE

LES LIMITES

DE

LA BIOLOGIE

PAR

J. GRASSET

Professeur de clinique médicale à l'Université de Montpellier
Associé national de l'Académie de médecine
Lauréat de l'Institut

Nec ancilla; nec domina.

PARIS
FELIX ALCAN, ÉDITEUR
ANCIENNE LIBRAIRIE GERMER BAILLIÈRE ET Cᶦᵉ
108, BOULEVARD SAINT-GERMAIN, 108

1902

LES LIMITES

DE

LA BIOLOGIE

Coulommiers. -- Imp. PAUL BRODARD. -- 1117-1901.

LES LIMITES

DE

LA BIOLOGIE

PAR

J. GRASSET

Professeur de clinique médicale à l'Université de Montpellier
Associé national de l'Académie de médecine
Lauréat de l'Institut

Nec ancilla; nec domina.

PARIS

FÉLIX ALCAN, ÉDITEUR

ANCIENNE LIBRAIRIE GERMER BAILLIÈRE ET Cⁱᵉ

108, BOULEVARD SAINT-GERMAIN, 108

1902

Ce petit livre n'est que le développement d'une Conférence, faite à Marseille le 13 avril 1901, à une Assemblée régionale de médecins catholiques et publiée par la *Revue Thomiste* en juillet.

Je l'ai complétée et en ai surtout accru la documentation.

On m'objectera peut-être à ce sujet le très grand nombre de mes citations. Je reconnais que cela alourdit l'exposition; mais cela lui donne plus de valeur.

N'étant pas un professionnel de philosophie, j'ai cru nécessaire d'étayer mon exposé sur les opinions nettement émises (dans les deux sens) par les hommes dont la compétence est reconnue partout.

D'ailleurs il me semble que malgré ces citations on peut suivre le développement de la *thèse* que je poursuis et qui est restée textuellement la même que dans ma Conférence de Marseille.

J'essaie de démontrer que la *Biologie n'est pas la*

science universelle et unique, que la conception et le point de vue biologiques ne sont pas les seuls modes de penser et de savoir, que la *Biologie a des limites* la séparant des autres sciences et des autres modes de connaissance.

En un mot, j'ai essayé de combattre le *monisme biologique*, incarnation séduisante du *monisme positiviste*.

On ne trouvera donc ici que de *vieilles idées* sur de *vieilles questions*.

J'ai entendu, l'hiver dernier, un de nos plus éminents critiques développer cette thèse curieuse qu'il est ridicule de vouloir être de son temps, soutenant que ce qui vit le plus dans le présent, c'est le passé.

Ce n'est là qu'un élégant paradoxe.

Mais il y a quelque chose de vrai à en retenir : c'est que, tout en étant de son temps, il ne faut ni oublier ni renier le passé.

C'est dans les vieux cadres travaillés et sculptés par toutes les générations passées qu'on doit placer les faits nouveaux découverts par la génération actuelle.

Il ne faut pas que nous oubliions jamais la pyramide des siècles écoulés, au sommet de laquelle nous sommes hissés et du haut de laquelle nous voyons ainsi mieux et plus loin que nos devanciers.

Bien des gens prétendent que les idées se démodent et changent comme les chapeaux ou les toilettes de femmes.

Ce n'est pas vrai des grandes idées qui sont à la base de nos connaissances.

Il est parfois bon de le rappeler.

Comme les citations sont nombreuses et les mêmes auteurs plusieurs fois répétés, j'ai cru préférable de réunir, à la fin, dans un *Index* unique, toutes les *indications bibliographiques*.

Je les ai toujours données très précises et, toutes les fois que je citais de seconde main, j'ai indiqué l'intermédiaire.

Quand j'ai cité plusieurs publications du même auteur, elles sont distinguées par des lettres A, B....

De cette manière, on ne trouvera, au bas des pages ou dans le texte, que le nom de l'auteur, une lettre (s'il y a lieu) et la page.

LES

LIMITES DE LA BIOLOGIE

I

Le monisme biologique
et la pluralité des sciences indépendantes.

LA BIOLOGIE A-T-ELLE DES LIMITES NATURELLES
ET INFRANCHISSABLES?

La *Biologie* ou *Science de la vie et des êtres vivants* a fait de tels progrès dans le siècle dernier que, pour beaucoup de bons esprits, elle est devenue la science universelle, l'incarnation du seul mode de connaissance que nous puissions avoir.

La littérature et les arts lui ont emprunté ses procédés et ses méthodes, la psychologie et la morale se sont fondues complètement en elle, toute la philosophie a abdiqué entre ses mains... et si quelques parties de nos connaissances, comme la métaphysique et la théologie, paraissent trop rebelles à cette inféodation, on déclare qu'elles n'existent plus, du moment qu'elles ne rentrent pas dans les lois et les moyens de démonstration de la Biologie.

La Biologie devient ainsi *Summa scientiæ*, la *Science générale* de Leibniz, la science maîtresse, la science universelle « où n'entrerait aucune conception métaphysique ou théologique » (Bourdeau [1], v).

Cette doctrine, qui semble réaliser « le rêve de Spencer, unification du savoir », est synthétisée dans ce que l'on appelle le *monisme*.

On désigne sous ce nom « la conception unitaire de la nature entière », « unité fondamentale de la nature organique et inorganique ».

« En conséquence, dit Haeckel, nous regardons toute la science humaine comme un seul édifice de connaissances, nous repoussons la distinction habituelle entre la science de la nature et celle de l'esprit. La seconde n'est qu'une partie de la première, ou réciproquement les deux n'en font qu'une. »

Cette conception moniste de nos connaissances, ce *monisme biologique* veut « faire disparaître l'opposition que l'on a établie à tort et sans nécessité » entre la religion et la science.

Mais il est facile de voir qu'elle ne fait la « fusion » de ces « deux domaines supérieurs de la pensée humaine » qu'en supprimant l'un des deux.

C'est la paix à la façon du partage de la Pologne.

Tout ce qui ne veut pas être expérimental s'appelle : solennelle futilité, tautologie, fantômes, idoles, chimère rêverie...

Il n'y a plus pour le moniste qu'une science et un mode de connaissance : la Biologie.

Comme le dit très bien Goblot (23) on en arrive ainsi au « fanatisme de la méthode expérimentale ».

---

1. Toutes les indications bibliographiques sont réunies à la fin du volume. Quand plusieurs ouvrages du même auteur sont cités, ils sont distingués par des lettres A, B... Le chiffre qui suit le nom de l'auteur entre parenthèses indique la page de la citation.

La Biologie devient une « religion laïque », suivant l'expression de Brunetière (B, 25).

Comme le disait déjà J.-J. Weiss (cité par Brunetière), toute une génération a été ainsi conduite à « l'adoration de la science, fruit de la doctrine positiviste ». C'est comme une « papauté nouvelle » que Comte aurait pu qualifier de « pédantocratie » (Palante, 32).

« La compétence d'un physicien ou d'un naturaliste est aisément regardée comme universelle... La profession de savant confère en vérité l'onction sainte » (Brunetière, A, 87).

« Ce courant d'opinion tend à s'imposer par l'argument d'autorité. A l'époque de la scolastique, un passage d'Aristote tenait souvent lieu de raison ; aujourd'hui la *science moderne*, telle que la conçoivent ceux qui pensent être ses vrais représentants, est souvent invoquée comme une puissance anonyme devant laquelle il faut s'incliner, si on ne veut pas être mis au nombre des esprits en retard » (Naville, VIII).

On renouvelle les pratiques du Moyen âge : on emploie des arguments tirés des sciences expérimentales, de la Biologie, dans le domaine des questions métaphysiques et religieuses, comme, au Moyen âge, on discutait les résultats expérimentaux de la Biologie et des sciences naturelles avec des arguments métaphysiques et religieux.

Ce mouvement contemporain vers le monisme date évidemment de la proclamation par Auguste Comte de sa fameuse loi des trois états, que Turgot avait déjà énoncée et que Stuart Mill appelle l'épine dorsale du positivisme (Fouillée, D, 2, 262, 358).

Je rappelle qu'elle est ainsi formulée : « par la nature même de l'esprit humain chaque branche de nos connaissances est nécessairement assujettie dans sa marche à passer successivement par trois états théoriques différents : l'état théologique ou fictif, l'état métaphysique ou abstrait, enfin l'état scientifique ou positif » (Lévy-Bruhl).

Voilà le thème du monisme bien établi : la théologie et la métaphysique ne sont que des états transitoires de l'esprit humain ; il n'y a de définitif, de vrai que l'état scientifique ou positif, c'est-à-dire les sciences expérimentales, les sciences physicochimiques et naturelles, la Biologie.

C'est la suppression sans phrase de tout ce qui n'est pas cette science expérimentale ; c'est même l'interdiction à tout esprit sérieux de l' « interrogation » sur tout ce qui n'est pas la science positive, de cette interrogation dont Fouillée dit cependant qu'elle « ne se taira jamais : le silence » devant être « la mort même de la pensée » (A, XVI).

Auguste Comte le dit nettement : « Dans l'état positif, *l'esprit humain reconnaissant l'impossibilité d'obtenir des notions absolues renonce*[1] à chercher l'origine et la destination de l'univers et à reconnaître les causes intimes des phénomènes, pour s'attacher uniquement à découvrir, par l'usage bien combiné du raisonnement et de l'observation, leurs lois effectives, c'est-à-dire leurs relations invariables de successions et de similitude... » (Cit. Renouvier, A, 394).

Voilà le dogme posé en tête de tout.

Et c'est bien un dogme. Car tout découle de là et la proposition n'a en elle-même d'autre preuve positive que l'affirmation d'Auguste Comte et la foi aveugle que cette affirmation doit entraîner dans notre esprit.

C'est ce qu'exprime très bien Renouvier : « Demeuré *systématiquement* étranger à l'étude de l'esprit et à la critique de la raison, Comte crut pouvoir décider

---

1. C'est moi qui souligne.

arbitrairement de ce qui est accessible ou inaccessible au savoir... Il ne pensa jamais qu'il eût à apporter une raison quelconque pour démontrer aux hommes qu'ils devaient abandonner toute préoccupation d'objets dont il ne pouvait pas dire que l'existence fût impossible, mais *seulement l'accès défendu à une certaine méthode* [1], et qui leur paraissent à eux les plus importants » (A, 396).

Voilà la doctrine positiviste.

Herbert Spencer l'a développée, l'a complétée et en a fait le monisme.

« ... Des principes de la science qu'il prend pour accordés, il ne déduit pas simplement la philosophie *positive* — une philosophie qui est une méthode bornant *a priori* la science possible, — mais bien le savoir complètement unifié » (Renouvier, A, 397).

On voit combien Stuart Mill avait raison de signaler « l'obstination des positivistes à ne vouloir laisser aucune porte ouverte ».

Seulement il s'agit de savoir si la question est aussi nettement et définitivement tranchée que cela par une simple affirmation, quelle que soit la haute valeur de l'homme qui la lance de façon magistrale et quasi hiératique [2].

N'a-t-on pas le droit de la discuter, d'en critiquer la valeur scientifique et positive ?

Je crois qu'on peut, avec Liard (B), poser la question suivante : doit-on dire que les trois solutions — théologique, métaphysique, positive — « qui s'excluent mutuellement sur une même question, ne peuvent

---

1. Tous les mots soulignés le sont par moi.

2. « L'on apprécierait désormais l'intelligence des hommes selon la facilité plus ou moins grande avec laquelle ils accepteraient la doctrine évolutive » (Haeckel, cit. Brunetière, A, 89).

exister sur des questions d'ordre essentiellement distinct ? »

Doit-on condamner comme *misonéistes* (suivant l'expression de César Lombroso) ou (suivant une autre expression de Liard) « déclarer mal faits ou malades les cerveaux où elles se produisent ensemble, sans toutefois se mêler et se confondre » ?

Je crois que la question peut être discutée et mérite de l'être.

D'ailleurs ces doctrines du monisme biologique que je veux essayer de combattre ici ont été en général plutôt soutenues par les biologistes [1] ou les philosophes-biologistes que par les philosophes proprement dits.

Ainsi Fouillée (B, 207) a même dû défendre la valeur de la science contre les écoles philosophiques qui voulaient la saper et l'absorber dans un monisme renversé ; et il faut lire dans le même ouvrage la discussion de la réaction kantienne contre l'hégémonie de la science (XXIX et 323).

Il existe en effet un monisme renversé, un *monisme psychologique*, qui est, avec une formule opposée, le même que le monisme biologique. On le trouvera notamment exposé par Max Verworn (46).

Je le combattrai de la même manière et avec les mêmes arguments que le monisme biologique.

---

1. On a « pu se demander s'il y a des hommes plus remplis de préjugés que les hommes de sciences lorsqu'ils n'ont reçu aucune culture philosophique » (Blum, 574). « Dès qu'ils mettent le pied sur le domaine des choses morales et sociales, ils éprouvent le vertige dont parle Platon : la tête leur tourne, leurs yeux sont éblouis et ils déraisonnent d'autant plus qu'ils sont plus habitués au raisonnement rectiligne des sciences positives... il ne leur reste plus, comme dit encore Platon, qu'à embrasser les arbres et les pierres qu'ils trouvent sur leur chemin » (Fouillée, F, cit. Blum, 574).

Car l'un et l'autre sont basés sur le même principe de l'*unité* du mode de connaissance pour l'homme.

C'est cette doctrine, d'ailleurs séduisante, de l'*unité du mode de connaissance* — doctrine dont l'esprit imprègne la plupart des livres contemporains — que je voudrais discuter.

Je n'ai ni le temps ni la compétence nécessaires pour en entreprendre la réfutation en règle : c'est affaire aux philosophes (et je ne suis que médecin).

Mais je voudrais indiquer le plan et les grandes lignes de cette réfutation ; en tout cas montrer que la question existe, que le problème n'est pas dogmatiquement et définitivement résolu dans le sens que professent les positivistes ; montrer, contre l'opinion de Le Dantec (A, 10), que les produits de l'éducation philosophique et les produits de l'éducation scientifique ne sont pas incompatibles.

J'y ajouterai même l'éducation religieuse et je tâcherai d'établir qu'il n'y a pas incompatibilité dans le même esprit entre les produits de ces trois éducations, puisqu'elles se complètent sans se contredire ; que la Biologie laisse et laissera toujours en dehors d'elle bien des questions qu'elle ne peut connaître, mais qui n'en existent pas moins et ne sont pas pour cela inconnaissables.

Son hégémonie ne s'étend pas à l'intellectualité entière et à toutes nos connaissances. Elle est notamment étrangère et indifférente aux solutions métaphysiques et religieuses de certaines questions qui lui sont inaccessibles ; elle les ignore, mais ne les interdit ni ne les contredit.

Je voudrais essayer de mettre au point cette question controversée qui tourmente bien des esprits soucieux d'allier les conquêtes les plus récentes de la Biologie et leurs anciennes convictions métaphysiques et religieuses.

Je crois que le monisme part d'un principe non démontré et non évident, donc pas scientifique, quand il dit : « Nous ne disposons que d'un point de vue sur les choses... l'alternative se pose de penser uniquement ou pas du tout... » (Lévy-Bruhl, 36).

Rien de moins positif que ce principe, posé comme un postulatum ou un axiome.

Non seulement cette loi ne me paraît pas démontrée; mais je crois possible de démontrer la loi diamétralement opposée.

C'est la conclusion de Goblot quand il dit (6 et 7) : « c'est l'opinion de beaucoup de philosophes, surtout du côté des positivistes, que la science, réalisant par ses progrès une conception de plus en plus simple de l'univers, tend à l'unité absolue, à la loi unique et suprême... *Non, il n'y a pas de loi unique qui contienne toutes les autres* ».

Voilà précisément ce que je veux essayer de démontrer. Je voudrais prouver *qu'il n'y a pas de science unique qui contienne toutes les autres*, pas plus la Biologie que les autres.

La Biologie n'est pas la seule science; elle ne comprend pas toutes les autres sciences en elle-même.

Ses procédés et ses méthodes, quelque positifs et excellents qu'ils soient, ne sont pas nos seuls moyens de connaître.

Il y a, en dehors de la Biologie, d'autres sciences, d'autres modes de connaissance, tout aussi certains que la Biologie.

La Biologie a donc des limites, qu'elle ne dépassera pas, quels que soient ses progrès ultérieurs.

« Mes contemporains, dit Secrétan (11), m'ont instruit d'une vérité que l'enflure de la génération précédente ne m'avait laissé qu'obscurément entrevoir : ils m'ont expliqué que ce qui fait le prix de la science lui fixe aussi sa limite. »

Il est bon que chaque science fixe et connaisse exactement ses limites. C'est la condition de son succès et de son développement.

Car, seule, une délimitation exacte évitera l'éparpillement stérile des forces sur des terrains inaccessibles.

« ... De telles recherches (de délimitation) ne sont pas oiseuses. Il importe au progrès de chaque science que ses méthodes soient bien définies, ses problèmes nettement posés, et pour cela il faut se rendre compte de ses relations avec toutes les autres et de ce qu'on peut appeler, par analogie, sa *position systématique...* » (Goblot, 2).

« Rien de plus important que de mesurer ainsi le vrai domaine de la science et d'en délimiter les frontières ; il faut l'exactitude d'un géographe pour marquer les bornes où la terre ferme fait place à cet océan, dont la vue, dit Littré, est aussi salutaire que formidable. Cette étude des bornes du savoir, si grande et si belle en soi, offre plus d'intérêt encore quand ce sont les savants eux-mêmes qui, arrivés aux frontières de leur science, plantent eux-mêmes la borne. C'est ce qui donne une importance particulière aux discours de Du Bois Reymond sur les *Limites de la science expérimentale* et à son étude ultérieure sur les *Sept énigmes du monde...* Rappelons aussi les discours analogues de Tyndall, de Virchow, de Nœgeli, sur les limites de la connaissance de la nature » (Fouillée, A, 26).

Je n'ai certes pas la prétention ridicule de comparer, même de loin, le présent Essai aux travaux de ces grands savants. Mais je peux bien dire que j'ai trouvé dans ce passage de mon maître Alfred Fouillée une justification de mon entreprise et un encouragement à la poursuivre.

Donc, voilà le problème posé et voici la thèse que je vais essayer de soutenir :

La Biologie a des limites;

Il y a des choses qui ne sont pas de sa compétence, qu'elle ignorera éternellement parce qu'elles sont *autres*;

Ces choses autres sont cependant connaissables pour l'homme par d'autres méthodes, d'autres voies intellectuelles; elles sont l'objet d'autres sciences;

Que sont ces sciences autres?

Quelles sont les limites de la Biologie?

II

A. — Limites inférieures de la Biologie.

La science des corps inanimés : sciences physicochimiques

La Biologie a d'abord une limite que l'on peut appeler *inférieure* : c'est la limite qui la sépare des *sciences physicochimiques*, de la science des corps inanimés.

Je ne crois pas qu'on puisse, avec Le Dantec (B), considérer « comme démontré », « dans l'état actuel de la science », « que toutes les manifestations de la vie élémentaire des corpuscules vivants sont des manifestations de leurs propriétés chimiques, que leurs mouvements sont dus à des réactions chimiques » ; ni que « dans ce qui frappe nos sens au cours de l'observation des êtres vivants, rien n'est en dehors des lois naturelles établies pour les corps bruts (chimie et physique) » (C, 320).

Certes, dans l'être vivant, la chaleur, le son, la lumière, l'électricité restent soumis à leurs lois propres, comme ces mêmes mouvements vibratoires dans le monde inanimé.

Mais l'être vivant, par essence et par définition, a aussi ses lois propres, objet d'une science à part.

La plante et l'animal (car ils sont vivants l'un et

l'autre et ont des lois communes) constituent des unités, des individualités, qui naissent, croissent, se défendent contre les causes extérieures d'amoindrissement ou de destruction, engendrent, se reproduisent et meurent : tous caractères que l'on ne retrouve pas dans les corps inanimés.

On trouvera toutes les objections à notre manière de voir, particulièrement et très brillamment développées dans les ouvrages de Le Dantec, plus spécialement dans son livre sur *l'Individualité et l'erreur individualiste* [1] (A).

Cependant dans ce même livre on trouvera, notamment aux pages 91, 98, 102 et 104, des caractères spéciaux qui semblent distinguer les corps bruts des plastides (c'est-à-dire des êtres vivants les plus élémentaires et les plus voisins des corps inanimés).

De même, Bourdeau, qui soutient des théories absolument différentes de la nôtre, dit (42), en s'inspirant du livre de Charrin sur les Défenses naturelles de l'organisme : « Cette pensée dirigeante (de la vie) ne se révèle pas seulement dans la construction de l'organisme et le consensus de ses fonctions; elle apparaît avec la même évidence dans les moyens de défense et de protection que la vie oppose aux influences perturbatrices qui l'assaillent du dehors, aux assauts continuels que lui livrent les actions mécaniques, physiques, chimiques ou microbiennes. Une sorte d'intelligence toujours en éveil semble présider à la stratégie la plus ingénieuse pour garantir les organes, les tissus ou les humeurs et prévenir les désordres pathogènes ».

L'individu reste l'unité biologique comme l'atome ou la molécule est l'unité physicochimique et comme nous

---

1. Voir aussi, du même auteur. la *Théorie nouvelle de la vie* (C), *le Conflit* (D) et *l'Unité dans l'être vivant* (E).

verrons que la personne est l'unité morale et psychologique.

Les découvertes contemporaines sur les vies individuelles de certaines parties, plus ou moins ténues, de notre organisme n'ont en rien modifié cette ancienne doctrine de la vie.

Certaines de ces parties vivantes, comme les microbes, vivent en nous, comme des parasites, gardent leur individualité propre : le lierre garde bien sa vie propre et personnelle à côté de celle du chène qu'il enlace au point, quelquefois, de l'étouffer.

Quand, à la mort, lors de la putréfaction, une multitude de vies remplacent celle disparue du cadavre, ce n'est pas une division d'un être vivant en plusieurs — comme la division d'un cristal.

C'est la mort d'un être vivant et la pullulation d'une série d'autres à sa place.

Quand, spontanément ou sur provocation expérimentale, un être vivant se sépare en plusieurs tronçons également vivants, ce n'est encore pas de la division à la façon du cristal : c'est de la génération, c'est-à-dire un mode particulier d'une des fonctions les plus caractéristiques et les plus importantes de l'être vivant.

Les éléments normaux d'un organisme vivant vivent bien aussi d'une vie individuelle : nos leucocytes et nos cellules, par exemple, agents de la nutrition et de la défense.

Mais cela n'empêche pas l'unité de l'individu vivant, qui est « l'*unum et plura* des Pythagoriciens ou plutôt l'*unum è pluribus* ».

Dans l'être vivant, rien n'est isolé, tout est concordant, comme l'affirmait Hippocrate : Συμπνοια παντα.

Bourdeau, qui fait ces citations, ajoute (250) : « Une faculté d'adaptation réciproque dispose les éléments du corps à se lier en systèmes unitaires, qui se coordonnent ensuite en séries pour aboutir à une suprême unité ».

La fédération des vies parcellaires est toujours dominée et unifiée par une idée directrice générale.

Delage (Cit. Le Dantec, 141 et 649) a étudié et discuté la conception polyzoïque des êtres supérieurs. Il montre que la segmentation est un trait d'organisation et non l'indice d'un morcellement de l'individualité et admet l'individualité polyzoïque.

« L'organisation d'un corps vivant, dit Dunan (B. Cit. Bourdeau, 42 et 43), de quelque humble degré qu'il soit, est une œuvre complexe et savante au plus haut point, supposant dans la cause qui le produit une pensée profonde qui peut s'ignorer complètement elle-même, mais qui n'est pas pour cela moins réelle. »

Goblot (175) estime que le transformisme a apporté de nouveaux arguments à l'indépendance de la Biologie : « Loin de ramener la science de la vie au déterminisme physicochimique, le transformisme nous montre au contraire partout le spectacle de la sensibilité et de l'effort. Le vivant est un lutteur qui s'ingénie et s'évertue, qui répugne à la souffrance, qui aime la vie et use de toutes ses ressources pour la conserver et pour l'accroître. Le transformisme... n'exclut pas, il suppose au contraire l'existence d'un facteur psychique (vital) sans lequel les explications, toutes négatives, sont incomplètes. »

L'hérédité entière parle dans le même sens.

Cette transmission des qualités des ancêtres et de leurs caractères, les modifications même que les générations successives apportent à certains êtres, tout cela constitue un fait essentiellement biologique et nullement physicochimique.

Car l'unité individuelle que l'on trouve dans chaque être et dans la série des descendants ne peut pas se comprendre avec les seuls éléments physicochimiques qui sont essentiellement hétérogènes.

« Comment oser appeler unité, dit Le Dantec, un

ensemble aussi complexe qu'un homme formé de plus de 60 millions de cellules appartenant à des types aussi différents? » (E, 459).

Rien de plus juste. L'unité du corps brut, du cristal, se retrouve identique dans chacune des parties constituantes du tout; tandis que pour l'être vivant il n'en est rien.

Chaque muscle, chaque os, chaque épithélium peut avoir son unité, sa vie propre; mais chacun de ces éléments n'est nullement identique à chacun des autres; encore moins à l'unité totale de l'être vivant qu'ils composent.

L'unité de l'être vivant est formée d'éléments hétérogènes. L'unité biologique est donc absolument différente de l'unité physicochimique.

« La vie, disait Claude Bernard (Cit. Bourdeau, 42 et 43, et Kelsch, 60) c'est une idée; c'est l'idée du résultat commun pour lequel sont associés et disciplinés tous les éléments anatomiques, l'idée de l'harmonie qui résulte de leur concert, de l'ordre qui règne dans leur action. »

Et le même Claude Bernard souligne et caractérise admirablement la limite qui sépare la Biologie des sciences physicochimiques quand il dit : « Ce qui caractérise la machine vivante, ce n'est pas la nature de ses propriétés physicochimiques, c'est la création de cette machine d'après une idée définie... Ce groupement se fait par suite des lois qui régissent les propriétés physicochimiques de la matière; mais ce qui est essentiellement du domaine de la vie, ce qui n'appartient ni à la physique ni à la chimie, c'est l'idée directrice de cette évolution vitale. »

Ailleurs Claude Bernard dit encore (Cit. Brunetière, A, 77) : « Ici, comme partout, tout dérive de l'idée qui seule crée et dirige; les moyens de manifestation sont communs à toute la nature et restent confondus pêle-mêle comme les caractères de l'alphabet, dans une boîte où une force va les chercher pour exprimer les pensées ou les mécanismes les plus divers... la force vitale dirige des phénomènes qu'elle ne produit pas. »

« Arrivés au terme de nos études, nous voyons qu'elles nous imposent une conclusion très générale, fruit de l'expérience, c'est à savoir qu'entre les deux écoles qui font des phénomènes vitaux quelque chose d'absolument distinct des phénomènes physicochimiques et quelque chose de tout à fait identique à eux, il y a place pour une troisième doctrine, celle du vitalisme physique, qui tient compte de ce qu'il y a de spécial dans les manifestations de la vie et de ce qu'il y a de conforme à l'action des forces générales » (Cit. Raphaël Dubois, 75).

Rappelez-vous enfin cet autre passage du même auteur : « En admettant que les phénomènes se rattachent à des manifestations physicochimiques, ce qui est vrai, la question dans son essence n'est pas éclaircie pour cela; car ce n'est pas une rencontre fortuite de phénomènes physicochimiques qui construit chaque être sur un plan et suivant un dessin fixes et prévus d'avance, et suscite l'admirable subordination et l'harmonieux concert des actes de la vie. Il y a dans le corps animé un arrangement, une sorte d'ordonnance que l'on ne saurait laisser dans l'ombre parce qu'elle est véritablement le trait le plus saillant des êtres vivants... en sorte que si, considéré isolément, chaque phénomène de l'économie est tributaire des forces générales de la nature, pris dans ses rapports avec les autres, il révèle un lien général, il semble dirigé par quelque guide invisible dans la route qu'il suit et amené dans la place qu'il occupe » (Cit. Le Dantec, B, 42).

Entendez bien le plus grand de nos physiologistes :

la Biologie a pour objet d'étude les êtres vivants,
l'évolution vitale, leur idée directrice, leur lien spécial... Cela n'appartient ni à la physique ni à la chimie.

Certes vous entendrez tous les jours dire le contraire; mais l'assertion ne me paraît pas alors établie
scientifiquement.

Déjà Cardan disait au XVIᵉ siècle : « Non seulement
les pierres vivent, mais elles souffrent la maladie, la
vieillesse et la mort. »

Et, développant ce mot qu'il trouve juste, Thoulet
(119) dit dans une leçon sur « la vie des minéraux » :
« Le cristal tout formé semble quelquefois se douter
qu'il existe un idéal, la symétrie parfaite, l'ellipsoïde
du système cubique qui est une sphère; il le cherche,
il s'en approche, et s'il ne peut y parvenir, il triche, il
joue la comédie, il se déguise, tout comme parmi les
hommes plus d'un s'efforce de jouer le personnage
qu'il n'est pas. Le minéralogiste s'en tirera ou ne s'en
tirera pas; les petits cristaux savourent en silence leur
gloire usurpée et ne s'inquiètent guère du reste. »

Je ne me permettrai pas de suivre l'exemple de
Naville qui qualifie de « bouffon » ce tableau « des
cristaux volontairement déguisés » qui « se moquent
des embarras du minéralogiste » (103).

D'un savant comme Thoulet l'étude est sérieuse,
mais alors on ne peut considérer la chose que comme
une allégorie, une comparaison[1]. Mais en tout cas ce
n'est pas scientifique, cela n'appartient en rien à la
science positive. C'est de l'anthropomorphisme par en
bas comme les positivistes reprochent tant aux métaphysiciens d'en faire par en haut.

1. « Ne diminuons pas le rôle de l'imagination dans les
recherches scientifiques », dit le professeur de Nancy dans le
même article (119).

En réalité, comme le dit Liard, « quelque petite qu'on suppose la quantité de vie obscure qui gît dans l'organisme rudimentaire, elle n'en manifeste pas moins un fait irréductible aux phénomènes inorganiques » (A, 153).

Delbœuf consacre un chapitre à démontrer cette proposition : la matière non vivante ne peut engendrer la vie; et il affirme que « si la communauté renferme des êtres vivants, les propriétés des corps sont, tout au moins partiellement, une création de la vie » (28-29).

« Il est clair, peut-on ajouter avec Dunan (A), que le corps organisé, au sein d'une nature étrangère à tout finalisme, périrait immédiatement sous l'action brutale des lois physicochimiques. »

« Un chronomètre, dit Fouillée (C, I, xx), a beau être fait pour marquer l'heure future, aucun de ses mouvements, à lui, n'enferme une finalité immanente ni ne tend à marquer l'heure. Il ne porte pas en lui-même un but qui se maintienne identique et suscite de nouveaux moyens quand les anciens manquent. Touchez à l'un quelconque de ses rouages, c'est fini, l'heure ne sera plus marquée : la roue qui tournait à gauche n'essaiera pas de tourner à droite pour continuer de poursuivre l'heure; l'aiguille n'essaiera pas de s'appuyer sur un nouveau ressort pour pouvoir tourner. Au contraire, la grenouille qui a perdu la patte droite et dont on brûle la cuisse droite avec un acide se servira des moyens qui lui restent pour essuyer l'acide : elle remuera la patte gauche, tandis qu'ordinairement elle se sert de la patte droite pour essuyer la cuisse droite. La fin poursuivie reste donc ici la même, alors que le mécanisme des moyens est altéré : le chronomètre vivant continue de tendre à l'heure future alors même qu'on lui a enlevé plusieurs de ses ressorts : il supplée à l'un par l'autre, comme si le bien à venir agissait sur lui par l'intermédiaire du bien ou du mal présent. Dans le chronomètre, tous les mouvements se déroulent et s'expliquent d'une manière adéquate, sans aucune considération de l'heure, tant du moins qu'on ne sort pas du chronomètre pour remonter à l'horloger. Au contraire, le besoin de vivre et de jouir, avec les mouvements corrélatifs, existe dans l'être vivant, non au dehors, et y devient le générateur même des autres mouvements. »

Et ainsi, suivant l'expression d'Émile Boutroux (A, 101), « les lois zoologiques ne sont pas ramenées aux lois physicochimiques ».

C'était d'ailleurs là, très nettement déjà, la doctrine d'Auguste Comte.

Pour lui (Lévy-Bruhl, 198 et suiv.), « le passage du monde inorganique au monde de la vie marque un point critique dans la philosophie naturelle... dès que la vie apparaît, nous entrons dans un monde nouveau... les phénomènes biologiques présentent un ensemble de caractères qui leur sont propres. La science positive qui les étudie a pour première obligation d'en respecter l'originalité... Avec la Biologie, dit Comte, apparaissent nécessairement les idées de *consensus*, de hiérarchie, de milieu, de conditions d'existence, de rapport de l'état statique à l'état dynamique, d'organe et de fonction... Ici, à l'inverse de ce qui se passe dans le monde inorganique, les parties ne sont intelligibles que par l'idée du tout... Dans les sciences du monde inorganique, on procède du cas le moins composé aux cas plus composés ; on commence par l'étude des phénomènes séparés les uns des autres, mais les *êtres vivants*, au contraire, *nous sont d'autant mieux connus qu'ils sont plus complexes*[1]. L'idée d'animal est plus claire pour nous que celle de

____

1. C'est moi qui souligne.

végétal. *L'idée des animaux supérieurs est plus claire que celle des animaux inférieurs.* L'homme enfin est pour nous la principale unité biologique, et c'est d'elle que part la spéculation dans cette science. »

Voilà une proposition, bien remarquable, qui fera accuser Auguste Comte d'anthropocentrisme par les savants qui, comme Le Dantec, veulent au contraire commencer l'étude par le bas de l'échelle, par les êtres dont la vie est tellement obscure et réduite qu'on se demande s'ils vivent ou non ou tout au moins si ce sont des végétaux ou des animaux.

A ces savants Auguste Comte disait d'avance : « Dès qu'il s'agit des caractères de l'animalité, nous devons partir de l'homme et voir comment ils se dégradent peu à peu, plutôt que de partir de l'éponge, et de chercher comment ils se développent. *La vie animale de l'homme nous aide à comprendre celle de l'éponge; mais la réciproque n'est pas vraie* » (Lévy-Bruhl, 214).

Qu'eût-il dit s'il avait vu, pour l'étude de l'individualité, de la morale et du raisonnement, partir, non plus de l'éponge, mais des plastides.

En somme, Comte conclut que « nous ne saurions jamais rattacher le monde organique au monde inorganique que par les lois fondamentales propres aux phénomènes généraux qui leur sont communs ».

Et il déclare « irréductible » le « caractère biologique » des « phénomèces de la vie ».

De même J.-B. Dumas : ce que l'homme « a découvert, en étudiant les forces physiques, n'a servi qu'à constater qu'entre elles et les forces morales il n'y a rien de commun ».

Et Blum, qui fait cette citation, ajoute (534) : suivant l'expression de Cournot, « il y a une distinction essentielle entre une masse inorganique qui est *un bloc* et un organisme qui est *un tout* ».

De même, Fouillée : « Seuls des hommes incompétents peuvent... croire que des atomes bruts, disposés d'une certaine manière, comme les diverses pièces d'un moulin, arriveront à penser » (Cit. Blum, 540).

Et Caro : « La vie est donc autre chose qu'une résultante des forces et des propriétés physicochimiques dans les circonstances données. Elle précède le développement des propriétés organiques, lesquelles ne s'expliquent que par elle. Voilà d'un seul coup le commencement de la vie mis en dehors des phénomènes matériels » (Cit. Blum, 540, note).

Renouvier exprime la même pensée : « l'explication mécanique prétendue des phénomènes vitaux n'est point une explication de la vie même. L'aphorisme célèbre de Leibniz *nisi intellectus ipse*, prononcé à propos de la réduction des idées aux sensations, est également vrai comme un *nisi ipsa vita* appliqué à la réduction de la physiologie au mécanisme » (Cit. Blum, 547).

Et Blum conclut (546) de ces diverses citations : « tout être vivant présuppose un germe vivant et par conséquent irréductible aux seuls éléments physicochimiques ».

Je citerai enfin Fonsegrive qui résume bien la même doctrine (496) :

« ... Les lois chimiques ne peuvent suffire à expliquer la vie. Ici nous avons pour nous non seulement le raisonnement et la logique, mais l'expérience même. Les découvertes de Pasteur ont rejeté dans le domaine des vieilles théories démenties par les faits, la thèse des générations spontanées. *Omne vivum ex vivo*, telle est la loi qui se dégage de toutes ces expériences, qui ne sont pas moins admirables aux yeux du philosophe et du logicien qu'instructives pour le médecin et fécondes pour l'humanité. Par suite donc on ne peut passer par voie d'analyse du domaine des choses mortes au domaine des êtres vivants, de la chimie à la biologie. Par ses belles recherches de synthèse M. Berthelot n'a montré qu'une chose : c'est que les lois de la chimie sont les conditions nécessaires de la vie ; mais toutes les synthèses opérées dans le laboratoire sont inertes et mortes, elles manquent du ferment de vie, elles ne sont pas des conditions suffisantes. Sans elles la vie ne peut être, mais avec elles seules elle ne peut se montrer. »

Donc, la Biologie ne doit pas être identifiée aux sciences physicochimiques [1].

Voilà une première limite de la Biologie.

Une remarque est nécessaire ici avant de passer aux chapitres suivants.

Je crois fermement que la Biologie est et restera une science séparée, distincte, irréductible à la science physicochimique.

Cependant je dois ajouter que la limite qui sépare ces deux sciences est bien moins radicale, absolue et définitive que les suivantes.

On ne peut pas dire qu'il soit antirationnel de supposer qu'un jour on trouvera le moyen de passer d'un corps brut à un corps vivant et par suite d'unifier ces deux sciences.

Je ne crois pas que cela arrive ; mais je reconnais que cela *peut* arriver ; tandis que je déclare rationnellement et définitivement impossible la suppression des limites que nous allons étudier maintenant sous le nom de *limites latérales* et de *limites supérieures*.

---

1. Tous les chapitres suivants développeront encore cette pensée. Car si la morale, l'esthétique, les sciences abstraites, la métaphysique séparent l'homme des autres animaux, à plus forte raison le séparent-elles des corps bruts et du monde inorganique.

III

B. — Limites latérales de la Biologie.

1. — LA MORALE : SCIENCE DU BIEN OBLIGATOIRE.

La première limite *latérale* à signaler est la limite, absolue à mon sens, qui sépare la Biologie de la *science du bien*, de la *morale*.

1. Les savants contemporains, comprenant très bien à la fois les difficultés et l'importance de la question, ont accumulé les arguments pour démontrer que *l'évolution* explique tout, que, par des transitions insensibles, on peut passer, du déterminisme de l'amibe et même du caillou, à la liberté de l'homme.

Il n'y aurait là qu'une question de degré et les lois biologiques resteraient suffisantes pour expliquer et régler la morale, comme toutes les autres fonctions de notre organisme.

C'est Herbert Spencer qui, d'abord et surtout, a développé cette doctrine.

Il la synthétise immédiatement dans les principes suivants qu'il pose à priori, comme des axiomes ou des postulats (3 et 4) :

La *conduite* est « ou l'ensemble des actes adaptés à

une fin, ou l'adaptation des actes à des fins, suivant que nous considérons la somme des actes toute formée ou que nous pensons seulement à sa formation. La conduite, dans la pleine acception du mot, doit être prise comme embrassant toutes les adaptations d'actes à des fins, depuis les plus simples jusqu'aux plus complexes, quelle que soit leur nature spéciale, qu'on les considère d'ailleurs séparément ou dans leur totalité...

« ... Il n'est pas moins clair que la transition des actes indifférents aux actes bons ou mauvais se fait par degré...

« ... Une conduite où la moralité n'intervient pas se transforme par des degrés insensibles et de mille manières en une conduite morale ou immorale...

« ... Nous n'aurons pas une compréhension complète de la conduite en considérant seulement la conduite des hommes : nous devons en effet la regarder comme une simple partie de la conduite universelle, de la conduite telle qu'elle se manifeste chez tous les êtres vivants. Car celle-ci rentre dans la définition que nous avons donnée : des actes adaptés à des fins. »

On aura une idée de la théorie de l'évolution appliquée au sens des mots dans le chapitre intitulé : « La bonne et la mauvaise conduite ».

« Cherchons, dit Spencer (17 à 37), ce que signifient les mots bon et mauvais.

« ... Le bon couteau est un couteau qui coupe; le bon fusil, un fusil qui porte loin et juste... Réciproquement le mal que l'on trouve dans le parapluie ou la paire de bottes se rapporte à l'insuffisance au moins apparente de ces objets pour atteindre certaines fins, comme de nous protéger de la pluie ou de garantir efficacement nos pieds.

« ... La conduite est bonne ou mauvaise suivant que les actes spéciaux qui la composent, bien ou mal appropriés à des fins spéciales, peuvent conduire ou non à la fin générale de la conservation de l'individu.

« ... Toutes choses égales d'ailleurs, nous appelons bons les actes bien appropriés à notre conservation ; bons les actes bien appropriés à l'éducation d'enfants capables d'une vie complète ; bons les actes qui favorisent le développement de la vie de nos semblables. »

Dans ces adaptations de moyens à fin, il envisage successivement celles qui ont « pour dernier résultat de compléter la vie individuelle » et celles « qui ont pour fin la vie de l'espèce », et arrive ainsi à admettre que « les membres d'une Société peuvent s'entr'aider à atteindre leur but » (13, 15).

Et enfin il conclut : « ... Nous passons évidemment par degrés de cette simple adaptation initiale, qui n'a pas encore de caractère moral intrinsèque, aux adaptations les plus complexes et à celles qui donnent lieu à des jugements moraux...

« *La morale a pour sujet propre la forme que revêt la conduite universelle dans les dernières étapes de son évolution* » (7, 15).

La morale devient bien, dans cette doctrine, un simple chapitre de la Biologie.

Récemment, Le Dantec a repris cette question au même point de vue et l'a développée avec beaucoup de talent.

Il étudie la volonté des plastides et remonte ensuite jusqu'à l'homme (B, 19 et suiv.).

Il conclut : « Ainsi donc l'étude approfondie des protozoaires permet d'appliquer à ces animaux le principe de l'inertie [1] ; le passage graduel et raisonné des

---

1. Voici la loi d'inertie, telle qu'elle est formulée par Secchi (Cit. Sergi, 111) : « la matière n'est pas spontanément apte à changer d'état ; elle change d'état sous l'action d'une force extrinsèque qui puisse agir sur elle ; et ce même changement ne cesse pas si ce n'est sous une influence extérieure ».

protozoaires à l'homme autorise l'extension du principe de l'inertie à tous les corps de la nature ».

C'est la morale fondue, non plus seulement dans la Biologie, mais, avec la Biologie, dans les sciences physicochimiques.

Savamment déduite par ces auteurs, la doctrine de la morale évolutionniste ou morale biologique a été plus ou moins brutalement professée par d'autres [1].

Ainsi Pierre Laffitte (Cit. Naville, 247) : « Le résultat le plus fondamental du développement de la science est que tous les phénomènes sont soumis à des lois invariables, depuis les phénomènes géométriques jusqu'à ceux de l'homme et de la société ».

Et Büchner (Cit. Naville, 198) : « L'homme, comme être physique et intelligent, est l'ouvrage de la nature. Il s'ensuit, par conséquent, que non seulement tout son être, mais aussi ses actions, sa pensée et ses sentiments sont fatalement soumis aux lois qui régissent l'univers. »

2. La lecture de tous les ouvrages consacrés à développer cette thèse de « la morale chapitre de la Biologie » donnera l'impression de la grandeur et de l'étendue du talent et des connaissances de leurs auteurs, mais aussi, je crois, de l'inanité complète de leur tentative.

Évidemment l'effort est grand et tend à un but très élevé : construire et justifier une morale très haute, altruiste, dont tous les hommes comprennent l'existence nécessaire.

Mais je crois que ces auteurs se heurtent à des difficultés insurmontables et à de vraies impossibilités,

---

1. Voir aussi le Discours de J.-L. de Lanessan sur la morale scientifique qui vient de paraitre (*Revue scientifique*, 19 octobre 1901) pendant que nous corrigeons nos épreuves.

quand ils veulent édifier cette morale sans sortir de la
Biologie, c'est-à-dire faire rentrer la morale dans la
science des phénomènes communs à tous les êtres
vivants.

Et, en effet, quelque nombreuses et insensibles que
soient les transitions, on arrive toujours à un fossé
absolu, quand il faut passer du déterminisme, loi de
tous les êtres vivants (l'homme compris, en tant qu'être
vivant), au libre arbitre et à la responsabilité, bases de
la morale.

Dans l'échelle animale, vous pourrez voir se perfectionner, en quelque sorte indéfiniment, l'instinct de la
conservation individuelle et de la conservation de l'espèce, la notion de l'utile et de l'agréable; mais vous
ne passerez jamais de là à la notion de la liberté, du
bien et de l'obligation.

Pour établir la liberté chez les animaux il faut dire
comme Draper (192) : « Quelle déduction frappante
nous pouvons tirer de cette observation de Huber qui
a si bien écrit sur le sujet : si vous regardez attenti-
vement une fourmi au travail, vous pourrez dire après
chaque opération, l'opération qu'elle fera ensuite! Cette
fourmi raisonne donc et voit donc les choses de la
même manière que nous. »

La conclusion paraît étrange. Je ne sais si cela
prouve que la fourmi voit les choses comme nous; mais
cela prouve surtout qu'elle ne les *veut* pas comme nous
et qu'elle ne les exécute pas *librement* comme nous.

Dans les actes les plus intelligents de l'animal il y
a toujours de l'automatisme, c'est-à-dire du déterminisme, rien qui ressemble à l'acte libre et voulu de
l'homme responsable.

Comme le dit très bien Ernest Naville (x), « le libre
arbitre en soi est ou n'est pas. S'il est, il est impossible de le considérer comme la transformation d'une
chose autre que lui-même. »

Le même auteur rappelle qu'Herbert Spencer et ses successeurs ont oublié « la condamnation justement portée par Auguste Comte[1] contre les doctrines qui veulent expliquer le supérieur par l'inférieur ».

Et il déclare « impossible... de faire sortir d'un ordre de choses régi par des lois nécessaires un élément de liberté... Toutes les fois qu'on veut faire de la liberté le résultat d'une transformation, on la nie » (99).

Halleux a récemment repris cette discussion avec beaucoup de force (78 à 89).

La morale évolutionniste ou biologique représente le sauvage comme l'intermédiaire entre l'animal et l'homme. Or, il n'est pas démontré que le sauvage ne soit pas, au moins dans beaucoup de cas, un homme déchu, un dégénéré.

En tout cas, « il est clair qu'avec ses croyances religieuses et ses idées morales, son langage compliqué, fait, en partie du moins, de termes généraux, à la différence du langage purement émotionnel des bêtes, son organisation sociale, son industrie, son aptitude à recevoir les enseignements de la civilisation, voire même à progresser dans une certaine mesure par lui-même, lorsqu'il est placé dans des conditions plus favorables, le sauvage apparaît infiniment supérieur au singe le plus rusé. Assurément ce n'est pas en lui que l'on trouvera l'intermédiaire vainement recherché entre le règne humain et le règne animal ».

Duprat, qui, sur bien des points, défend une thèse opposée à la nôtre, admet que l'on se refuse « généralement à reconnaître chez les animaux une moralité, du moins au même sens du mot que lorsqu'il s'agit de l'homme ».

Et, en effet, « toutes leurs réactions sont pour ainsi

____

1. Et que nous avons déjà citée plus haut, p. 19 et 20.

dire automatiques, bien qu'elles puissent porter la marque de la sympathie, de l'altruisme, du désintéressement même » (61).

Et plus loin (107) il ne veut pas qu'on oublie la différence qu'il y a entre « la poursuite animale et la conduite humaine ».

De même Dunan (A, 375) distingue « la sagesse toute mécanique de l'animal » et « la sagesse intelligente de l'homme qui sait ce qu'il fait et qui le fait parce qu'il veut ».

Donc, rien n'établit scientifiquement que par des transitions quelconques on puisse passer du déterminisme biologique à la liberté morale; tout prouve au contraire qu'il y a, au point de vue moral, une différence absolue entre l'homme et les animaux.

3. D'ailleurs si on ramène la morale à la Biologie, si on en fait une partie ou un chapitre de la Biologie, il est bien évident que la morale ne peut plus avoir que l'intérêt comme but et le plaisir ou la peine comme mobiles [1].

Herbert Spencer le proclame (35) :

« Aucune école ne peut éviter de prendre pour dernier terme de l'effort moral un état désirable de sentiment, quelque nom d'ailleurs qu'on lui donne : récompense, jouissance ou bonheur. Le plaisir, de quelque nature qu'il soit, à quelque moment que ce soit, et pour n'importe quel être ou quels êtres, voilà l'élément essen-

---

1. Pour Renouvier (C, I. 194), cité par Duprat (116), l'intérêt est « le groupe des fins humaines, qui comprend trois sortes de biens ou éléments du bonheur : 1° ceux qui touchent directement la conservation de l'individu; 2° ceux qui touchent ses puissances d'ordre matériel ou passionnel quand ses passions n'ont que lui-même pour but; 3° ses moyens ou sa puissance accumulée de se conserver et de jouir... L'utilité, comme l'intérêt, passe au sens collectif, mais sans cesser de s'appliquer à l'individu et à ses biens matériels en dernière analyse ».

tiel de toute conception de moralité. C'est une forme aussi nécessaire de l'intuition morale que l'espace est une forme nécessaire de l'intuition intellectuelle. »

Il faut ajouter que, pour ces grands penseurs, le plaisir et l'intérêt sont pris dans les sens les plus élevés : le plaisir de vivre et l'intérêt de la vie de l'individu et de l'espèce.

Guyau dit que nous devons favoriser en nous « le développement de toutes nos puissances » et « l'épanouissement de toutes nos virtualités » (Cit. Brunetière, A, 26).

Bourdeau a largement développé cette pensée : « l'office de la morale, dit-il (318 à 333), est de nous diriger le mieux possible dans la poursuite et l'acquisition des biens de la vie, dans l'exemption ou l'atténuation de ses maux [1]... »

Richet emploie une formule un peu différente, mais dérivant du même principe : « le mal, dit-il, c'est la douleur des autres. Voilà ce que nous ont appris la physique et la zoologie, la chimie et l'astronomie, la botanique et la physiologie, la géographie et la philologie, l'anthropologie et les mathématiques ».

Fouillée, qui cite cette phrase, ajoute (B, XXXIV) non sans raison : « on est quelque peu surpris de cette découverte morale faite par des sciences objectives, y compris l'astronomie et la géographie; et on se demande, en cette triomphante énumération, comment il se fait que la psychologie, la morale même et la philosophie générale soient absentes ».

Je me permettrai de répondre que si la psychologie,

---

1. « Tout acte immoral constitue, pour le coupable, une infériorité dans la lutte pour la vie... Bien vivre, c'est être fort et vaillant dans cette bataille qui est la vie universelle, c'est prendre possession du présent et s'assurer l'avenir; vivre mal, c'est s'affaiblir et lâcher pied, c'est déchoir et tendre à se supprimer » (Goblot, 265).

la morale et la philosophie générale ne figurent pas dans l'énumération de Richet, c'est simplement parce qu'elles n' « existent » pas pour les savants comme l'éminent professeur de physiologie de Paris.

Quoi qu'il en soit, il est bien établi que la morale évolutionniste ou biologique revient à la morale du plaisir et de l'intérêt.

Halleux l'a bien résumée quand il a dit (18, 38, 42) : « la conduite doit être estimée bonne, si la vie, qu'elle entretient et développe au sein de l'humanité, procure finalement à celle-ci plus de jouissances que de souffrances... Pour tout le monde, le but suprême de l'existence est donc de jouir ; la distinction entre le bien et le mal repose sur la conformité ou l'opposition des actes à ce but .. La morale nous commande donc de faire tout ce qu'exige le fonctionnement régulier des organes et d'éviter les excès capables de troubler l'économie de notre être. Observe les règles de l'hygiène, tel paraît être le premier précepte de la morale évolutionniste ».

Continuant leur rêve, d'ailleurs généreux[1], les évolutionnistes pensent que « l'évolution de la conduite sociale s'accomplit dans le sens de la paix et de la liberté. Elle atteindra son terme lorsque seront définitivement taries toutes les sources d'antagonisme et de discorde d'individus à individus, de nations à nations... Favorable au développement de la vie, l'évolution de la conduite doit amener finalement la

---

1. Secrétan (222) signale « ce fait singulier que les penseurs partis des points les plus éloignés aboutissent à des conseils moraux sensiblement identiques ». Et il fait remarquer aussi (109) que « Spencer, qui ne se prive jamais d'un mot amer à l'adresse des chrétiens qu'il connaît « tient » à constater l'identité foncière de ses préceptes et des préceptes chrétiens » (Herbert Spencer, 7 et 220).

réalisation d'un état social parfait, caractérisé par l'expansion aussi complète que possible des sentiments altruistes et l'harmonie de tous les intérêts individuels » (Halleux, 67, 71).

Malheureusement il est absolument impossible d'établir scientifiquement la vérité de ces propositions soit pour l'individu soit pour la société.

Herbert Spencer reconnaissait déjà « que, dans l'état actuel de l'humanité, la direction donnée par les peines et les plaisirs immédiats est mauvaise dans un grand nombre de cas » (73).

De même, Bourdeau (333) après le passage cité plus haut, reconnaît « qu'une réserve s'impose », « qu'il arrive par circonstance que les sanctions encourues ou méritées ne se produisent pas ». Il en cite des exemples.

Et Duprat dit nettement (110) : « le plaisir n'est pas un signe institué par la nature pour avertir l'homme de ce qui est son bien, parce que le plaisir est le résultat physique de modifications biologiques, de multiples réflexes et autres phénomènes organiques que peut déterminer un poison aussi bien qu'un breuvage sain, l'activité morbide aussi bien que l'activité morale ».

De plus, d'après les lois posées par les évolutionnistes, le progrès moral et le progrès matériel devraient se poursuivre parallèlement ; ils ne sont même « l'un et l'autre que deux aspects de la même loi d'évolution » (Halleux, 197 à 200).

Or, il ne paraît guère que les faits ratifient cette conclusion de l'hypothèse évolutionniste.

Il me paraît impossible de dire par exemple avec Bridel : « quant au caractère d'obligation impérative, de devoir, de coercivité, avec lequel se présente à nous la conduite vertueuse, c'est tout simplement un écho de ces longues et constantes expériences qui ont appris à notre race que le défaut de vertu finit toujours par se payer cher et qu'ainsi les lois morales se vengent tôt ou tard de leurs contempteurs » (53).

S'il en était ainsi et si l'hypothèse évolutionniste était vraie, l'être le plus avancé en évolution devrait être le plus heureux; l'homme élevé serait plus heureux que l'homme grossier, l'homme grossier plus heureux que les animaux.

Or, il n'en est rien.

« Incapable de s'élever à la conception d'un idéal absolu, l'animal limitera ses désirs aux biens présents; par le fait même, ses appétits pourront trouver, du moins pour un temps, une satisfaction complète. Au contraire, à mesure que se perfectionne l'humanité, ses exigences se multiplient, et l'impuissance des biens terrestres à les satisfaire devient plus manifeste. L'homme grossier plongera rarement le regard au delà des horizons terrestres, mais le besoin d'un idéal vainement poursuivi sera le noble tourment des natures d'élite » (Halleux, 156).

Donc, et pour résumer ce paragraphe, la morale évolutionniste ou biologique ne peut s'élever qu'avec des hypothèses, non démontrées scientifiquement et démenties par beaucoup de faits; et sans ces hypothèses elle se confond avec la morale vulgaire de l'intérêt et du plaisir [1].

4. Cela posé et établi, je crois qu'on peut dire nettement que concevoir la morale de cette manière, c'est la supprimer.

---

[1] C'est la morale que Paul Bourget fait exposer par Adrien Sixte dans *le Disciple* (Voir Anatole France, B, 59). Au sujet du différend que ce livre a soulevé entre Brunetière et Anatole France, je crois que la formule des rapports entre la morale et la science est l'épigraphe du présent livre : *nec ancilla nec domina*; qu'aucune ne cherche à envahir, à régenter ou à supplanter l'autre !

« La négation de la liberté entraîne logiquement la destruction de la morale » (Naville, 140).

Assimiler l'homme aux animaux et faire de la morale un chapitre de la Biologie, c'est supprimer la morale.

C'est confondre le Vrai (objet de la science) avec le Bien (objet de la morale).

Il faut bien admettre, avec Renouvier (C), « la possibilité de faire une science de la morale »[1]. Seulement, comme l'ajoute justement Durkheim « nous ne voulons pas tirer la morale de la science, mais faire la *science de la morale*, ce qui est bien différent » (Cit. Duprat, 22).

Car il faut bien séparer les lois morales d'une part et de l'autre les lois physiques et biologiques ; « celles-ci sont inviolables ; leur nécessité est telle que personne ne saurait éluder leurs effets ; celles-là, au contraire, sont aisément éludées : on y obéit ou bien on les viole » (Duprat, 26).

Confondre la morale et la Biologie, c'est arriver à dire avec Leibniz qu'il y a de la morale partout, jusque

---

1. Goblot le conteste (261) : « L'impératif catégorique ne peut être que l'objet d'un acte de foi... Fouillée dit avec raison qu'il tombe des nues ; il ressemble à ces tables que Moïse rapporte de la montagne sainte, environnée de nuages, d'éclairs et de tonnerre, c'est une voix qui résonne au-dessus de nos têtes, l'immortelle et céleste voix dont parle Rousseau... Une doctrine qui a un tel principe n'a point de place dans le système des sciences ; car elle est métaphysique, c'est-à-dire extrascientifique, et même mystique, c'est-à-dire antiscientifique ». Ce qui est antiscientifique ou au moins extrascientifique, c'est de ne vouloir accepter que l'observation extérieure comme base de science. Les notions fondamentales de la morale sont connues par l'observation intérieure et un esprit positif n'a aucune raison de refuser à l'observation intérieure le droit d'existence scientifique (voir plus loin nos chapitres IV et VIII). — Il y a aussi une morale-art (voir Secrétan, 72) : c'est l'application de la morale-science.

dans la géométrie; c'est-à-dire qu'il n'y en a plus nulle
part; il n'y a plus ni libre arbitre ni obligation; il n'y
a plus que déterminisme et nécessité.

Haeckel s'efforce de démontrer que l'amour du pro-
chain, base de toute la morale, est un principe biologique commun à tous les animaux.

Mais, à la page suivante, il développe les idées de
Darwin sur la lutte pour l'existence et la sélection par
la force.

Nous savons, dit-il, « que toute la nature organique
de notre planète ne subsiste que par une lutte sans
merci de chacun contre tous... La lutte féroce des
intérêts dans la société humaine n'est qu'une faible
image de l'existence de combat, incessante et cruelle,
qui règne dans tout le monde vivant ».

Et son traducteur et commentateur, Vacher de
Lapouge, s'écrie (très logiquement) : « à la formule
célèbre qui résume le christianisme laïcisé de la Révolution : Liberté, Égalité, Fraternité, — nous répon-
drons : déterminisme, inégalité, sélection. »

C'est bien la négation de la morale.

Brunetière (A, 27, et C) oppose très bien ce qui en
nous est *naturel* (commun à l'homme et aux animaux,
biologique) et ce qui est *humain* (propre à l'homme,
moral) et conclut : « on le sent, on en est sûr, on a
fait vingt fois la cruelle expérience, le progrès moral
n'est pas le progrès intellectuel, puisque le plus
savant n'est pas le plus vertueux; et assurément, si
les progrès de l'histoire naturelle ou de la chimie
organique ont favorisé quelque chose, il ne semble
pas que ce soit les progrès de la sainteté » (A, 37).

Émile Faguet dit de même (363) : « Le positiviste
réussit peu dans cette conciliation (des sciences morales
et des sciences naturelles) et il y réussira peut-être
de moins en moins... Il ne peut pas y avoir de

morale naturelle, parce que la nature estimmorale [1]. »

Alors les empiristes doivent réduire la morale à la recherche du plaisir (Aristippe) ou à la recherche de l'intérêt personnel (Épicure) ou collectif de l'humanité (Auguste Comte) ou même universel de la nature (Herbert Spencer).

Et, quoi que fasse l'utilitaire, « il lui est impossible de sortir de l'égoïsme, égoïsme à un seul ou égoïsme à plusieurs ». Que l'on sacrifie l'intérêt d'autrui à l'intérêt personnel (Bentham) ou l'intérêt personnel à l'intérêt d'autrui (Stuart Mill), la morale biologique est toujours la morale de l'intérêt, c'est-à-dire n'est plus la morale.

Car comment donner vraiment ce nom à la morale du plaisir ou de l'intérêt, à la morale du succès?

La formule de Bismarck « la Force prime le Droit » devient la suprême loi morale. On proclame avec Nietzsche, Hobbes et Spinoza que « la force, c'est la source du droit » (Duprat, 260). Dans le sud de l'Afrique, l'immoralité est représentée par les Boers puisqu'ils sont battus [2].

Ne croyez pas que j'exagère.

Fouillée (B, 267) a longuement cité un article de Jean Weber, qu'à bon droit il considère comme « typique » et qui expose nettement toute cette doctrine morale.

« Loin d'avoir un droit supérieur au fait [3], la loi morale est *le plus insolent empiétement du monde de l'intelligence sur la spontanéité... il n'y a aucune raison pour reconnaître à la conscience morale toute suprématie dans la conduite de nos actions... au fond,*

1. Voir aussi Ch. Dunan, **A**, 258 et suiv.
2. Voir aussi Goblot, 264.
3. Dans cet exposé de Fouillée, les passages en italiques appartiennent textuellement à Jean Weber.

il faut en convenir, la moralité d'un homme ce n'est que son impuissance à se créer une conduite personnelle... Le devoir n'est que la tyrannie des vieilleries à l'égard de la nouveauté... La vraie morale est celle du fait... Le fait accompli emporte toujours toute admiration et tout amour, puisque l'univers qui peut le juger est à ce moment conséquence de ce fait. Ainsi nous appelons bien ce qui a triomphé... La perfection, c'est d'exister... La raison du plus fort est toujours la meilleure : cette proposition voudrait être une audace ; ce n'est qu'une naïveté [1]. »

On trouvera des idées analogues dans « la brochure de M. Yves Guyot, *la morale de la concurrence*, où cet ancien ministre des travaux publics, s'inspirant d'une définition du plus cynique des barons allemands (c'est d'Holbach que je veux dire) nous enseigne qu'en toute occasion l'intérêt du producteur est une assez sûre garantie de sa moralité » (Brunetière, B, 78).

Dans ces conditions, loin de soigner, d'aider à vivre les faibles et les chétifs, il faut les supprimer, puisque, inutiles au progrès général, ils peuvent même en entraver le développement.

La tolérance et la protection des faibles deviennent une immoralité [2].

On arrive donc ainsi ou à la négation et à la suppression de la morale ou, ce qui revient au même, à instituer et à proclamer une morale monstrueuse, une morale qui justifierait le mot de Diderot à ceux qui veulent civiliser l'homme : « Civilisez-le, empoisonnez-le de votre mieux d'une morale contraire à la nature » (Brunetière, A, 12).

Tout cela prouve combien ces doctrines sont fausses dans leur point de départ.

1. Voir aussi J.-L. Micheli. Cit. Ernest Naville, 245.
2. Voir Halleux, 133.

5. Tous les raisonnements et toutes les expériences péniblement accumulés et habilement rapprochés, ne peuvent pas parvenir à prévaloir contre la notion positive et très nette que nous avons : *a*, du bien et du mal, distincts du vrai et du faux, puisque le mal est aussi vrai que le bien ; *b*, de l'obligation morale que comporte le bien, abstraction faite de toute considération de peine ou de récompense ultérieures, d'intérêt, de plaisir ou de douleur ; *c*, de la liberté que nous avons de choisir ou non le bien, avec la responsabilité entière de notre acte.

Vous me permettrez de ne pas m'arrêter au raisonnement qui consiste alors à dire : Si la morale avec liberté et responsabilité ne peut pas être rattachée, par l'évolution, aux lois générales de la Biologie, il faut en conclure que cette morale n'existe pas et que ce que nous appelons liberté n'existe pas, est du déterminisme dissimulé ; car il ne peut pas y avoir en l'homme quelque chose qui ne soit pas, à un certain degré, chez les autres êtres vivants.

Vous voyez immédiatement la pétition de principes ; c'est proclamer d'avance, comme un postulat ou un axiome, ce qui est précisément à démontrer, savoir que la Biologie est la seule science et que, hors de la Biologie, il n'y a ni salut ni connaissance.

Bien des auteurs affirment ainsi *a priori* sans chercher à donner des preuves.

Ainsi Giard (Le Dantec, A, 14) déclare que d'une part l'observation des animaux et de toute la nature prouve le déterminisme, que d'autre part le sens intime semble donner la certitude de la liberté, qu'il y a contradiction et que par conséquent la notion de liberté est une illusion.

N'est-ce pas là un raisonnement tout à fait en l'air et qui ne prouve rien? Les deux observations rapprochées par l'auteur ne sont pas foncièrement contradictoires et inconciliables, si elles visent des objets différents. Pourquoi donc déclarer la seconde illusoire et la première légitime?

Que ne dirait-on pas, et légitimement, si je faisais le raisonnement inverse et si je niais le déterminisme de la nature, en me basant sur la certitude de la liberté de l'homme?

De même, il ne faut pas voir autre chose qu'une affirmation sans preuves dans cette proposition de Le Dantec, qui veut « exprimer d'une manière précise ce que l'on doit entendre par ces mots : l'illusion de la volonté » (B, 152).

« Supposez, dit-il (cas purement hypothétique), qu'il y ait, à un moment déterminé, deux hommes *identiques* atome à atome. Ces deux hommes auront naturellement les mêmes souvenirs (mémoire histologique). Eh bien! placés à ce moment déterminé dans des conditions identiques, *ils voudront exactement la même chose*, ce qui est la négation d'une volonté absolue, d'une liberté véritable. »

Rien de moins positif et de moins démontré que cette proposition [1]. Donnez-la comme une chose à établir et à prouver, c'est très bien. Mais ne la prenez pas comme une vérité scientifique, expérimentale, positive; car c'est contraire à l'existence des trois éléments que j'indiquais plus haut et que l'observation intérieure nous révèle : la triple notion *a*, du bien et du mal, *b*, de l'obligation morale, *c*, de la liberté.

---

1. « A supposer, en effet, que la position, la direction et la vitesse de chaque atome de matière cérébrale fussent déterminées à tous les moments de la durée, il ne s'ensuivrait en aucune manière que notre vie psychologique fût soumise à la même fatalité. Car il faudrait d'abord prouver qu'à un état cérébral donné correspond un état psychologique déterminé rigoureusement, et cette démonstration est encore à faire... on ne démontre pas, on ne démontrera jamais que le fait psychologique soit déterminé nécessairement par le mouvement moléculaire » (Bergson, 112 et 113).

Or, aucune de ces trois notions ne se retrouve dans la morale évolutionniste ou biologique.

a. Le *bien* n'est ni le vrai ni l'utile et la Biologie ne connaît que le vrai et l'utile.

Nous *voyons* le bien en nous par une aperception directe et par une loi de notre être.

Or, cette notion ne peut pas être établie chez l'animal.

On ne voit pas un animal faire le bien en soi et pour soi. Il agit instinctivement et automatiquement pour son intérêt ou celui de sa race, mais pas pour le bien.

C'est là l'idée vraiment capitale qui me paraît constituer l'objection absolue à la morale évolutionniste et biologique.

La notion de l'utile et de l'agréable est d'ailleurs toute subjective, varie avec les individus et, par suite, ne peut être confondue avec la notion du bien.

Stuart Mill dira bien : « j'aime mieux être un Socrate mécontent qu'un pourceau satisfait ». Mais la plupart de ses disciples préféreront « à ce sage malheureux l'heureux industriel qui, sans élévation d'esprit et de cœur, réussit dans ses entreprises, s'enrichit et assure une existence de gaieté dans la bonne chère ».

Et l'utile pour le plus grand nombre est tout aussi variable et par suite aussi impossible à confondre avec le bien (voir Duprat, 117).

La notion du bien est, au contraire, une notion qui s'impose à tous, qu'on ne discute pas ; c'est une notion absolue et nécessaire. Et la morale évolutionniste ou biologique ne peut rien produire d'absolu et de nécessaire [1] (voir Dunan, A, 364).

La notion du bien en soi est donc foncièrement dis-

---

1. C'est le raisonnement que nous reprendrons plus loin, dans notre chapitre VIII, pour établir la limite qui sépare la Biologie de la Métaphysique.

tincte de la notion de l'utile et de l'agréable. Or, l'évolution et l'hérédité accumulées, quel que soit le temps pendant lequel on les suppose s'exerçant, ne peuvent *changer la nature* des choses, introduire un élément nouveau, faire naître l'idée de bien de l'idée d'utile ou d'agréable.

Cette notion du bien en soi, du bien pour le bien, reste donc la base de la seule morale humaine. Donc par là déjà la morale humaine se sépare de la Biologie.

b. Il en est de même de l'idée d'*obligation*. Quoi qu'on dise ou qu'on fasse, on ne peut pas trouver le caractère obligatoire à l'utile et à l'agréable.

La morale évolutionniste et biologique ne peut être que le rêve de Guyau : la « morale sans obligation ni sanction ». Or, comme dit Brunetière (A, 7), « il n'y a pas plus, en bon français, de *morale* sans obligation ni sanction qu'il n'y a de *religion* sans surnaturel; ce ne sont pas seulement des notions connexes, ce sont des expressions synonymes ».

Bourdeau le dit (333) : « La vraie récompense du devoir accompli, qui est la *satisfaction de la conscience*, ne dépend en rien des accidents de fortune et on l'obtient toujours par cela seul qu'on l'a méritée ».

C'est très juste, mais on n'a la satisfaction de conscience que si le bien apparaît avec le caractère obligatoire. Or, la Biologie est absolument incapable de démontrer positivement et scientifiquement que la recherche de l'intérêt, même de l'intérêt de la race, est obligatoire (Voir aussi Brochard, 4).

Herbert Spencer a très bien compris cette nécessité de l'obligation en toute morale et alors il la place dans la fonction, dans la vie : la fonction vitale, la vie, la conservation et le développement de l'espèce deviennent obligatoires.

« Quelque étrange que la conclusion paraisse, dit-il, c'est cependant une conclusion qu'il faut tirer ici : l'accomplissement de toutes les fonctions est, en un sens, une obligation morale... Toutes les fonctions animales, aussi bien que les fonctions plus élevées, ont leur caractère obligatoire » (65).

Mais la conclusion n'est pas seulement « étrange »; elle est inacceptable et il ne suffit pas de la proclamer dogmatiquement pour l'établir.

Sergi dit (213) : « Les sentiments moraux impliquent... la reconnaissance par chaque membre de la société de ce fait, que chacun d'eux doit vivre et déployer sa propre activité pour la conservation de la vie et la satisfaction des besoins les plus immédiats qui dérivent des conditions mêmes de la vie... »

C'est très juste. Mais je conteste que les biologistes puissent imposer cette « reconnaissance » à tous les membres de la société.

Je ne me sens nullement obligé à vivre et à faire vivre l'espèce le plus et le mieux possible[1].

Cette plénitude de la vie (individuelle ou de l'espèce), qui est le but moral des évolutionnistes, non seulement n'est pas obligatoire, mais même elle n'apparaîtra pas à tous comme désirable.

Et si les évolutionnistes répondent qu'il ne faut pas s'occuper de nos misères personnelles et qu'il faut ne voir que le bien de l'espèce, je demande sur quoi se basera l'obligation de cet altruisme; je ne me sens pas obligé à me sacrifier à la communauté s'il n'y a en jeu que l'intérêt même de cette communauté, s'il n'y a pas en même temps une idée de bien obligatoire (Voir Halleux, 18-164).

Le bien est obligatoire pour tous; c'est un « impératif catégorique »[2] pas seulement pour une élite, mais pour l'humanité.

---

1. Voir aussi Goblot, 266, et Secrétan, 77-107.
2. Schopenhauer veut rejeter cet impératif catégorique comme

Or, la morale évolutionniste ne peut s'adresser qu'à une élite; et encore... (Voir Halleux, 217).

Nous concluons donc, sur ce deuxième point comme sur le premier : la morale évolutionniste ou biologique est aussi impuissante à donner la notion d'obligation morale que la notion du bien en soi et pour soi.

c. Elle est tout aussi impuissante à donner la notion de *liberté,* de libre arbitre.

Nous avons déjà dit plus haut que le déterminisme ne peut pas devenir libre arbitre, quelque nombreux qu'on puisse supposer les termes de transition et de transformation.

Donc, l'animal n'étant pas libre (et rien ne prouve qu'il le soit à un degré quelconque), l'homme ne peut pas l'être dans la morale évolutionniste ou biologique.

C'est ce que Duprat (98) a très bien compris quand il écrit : « Ayons donc la franchise de dire, d'enseigner, de demander, que la liberté, telle qu'on la conçoit trop souvent, est une illusion due, comme Spinoza l'avait pressenti, à l'ignorance de la plupart des causes déterminantes de nos décisions ».

Pour Schopenhauer, les « actes humains sont absolument déterminés... La volonté est un phénomène de même ordre que les réactions du monde inorganique » (Naville, p. 216).

Pour Herbert Spencer, « l'idée de cause sainement entendue, est exclusive de toute notion de contingence » (Halleux, 19).

Nous avons également vu Giard et Le Dantec nier la liberté, n'admettre que l' « illusion de la volonté » et le seul déterminisme biologique chez l'homme comme chez les animaux.

En face de ces négations se dresse, en chacun de

une idée judéo-chrétienne, due à l'influence biblique, le *Du Sollst* du Décalogue (Goblot, 254).

nous, l'affirmation continue de notre liberté et de notre responsabilité.

Tous les observateurs, les évolutionnistes comme les autres, établissent bien « une distinction très nette entre les actes qui sont accompagnés du sentiment intime de la liberté et de la responsabilité, et ceux qui ne le sont pas » (Halleux, 144).

Il y a donc des actes humains qui révèlent un élément particulier, spécial à l'homme : c'est ce que nous appelons la liberté ou libre arbitre et la responsabilité morale.

Renouvier a très bien exposé cette constatation, qui est un *fait* (A, 437).

La démonstration de la réalité du libre arbitre reste soit l'affirmation directe de l'expérience interne soit (comme disent les nérocriticistes) un acte de croyance rationnelle, basé sur l'analyse psychologique de l'acte de délibérer.

Ce point particulier n'importe pas à notre thèse. Il suffit de retenir le fait de l'existence de la liberté et de la responsabilité morale chez l'homme, et chez l'homme seul.

Cette notion de la liberté et de la responsabilité s'impose à l'esprit de tous (Voir Bergson, 168).

Jules Lemaître vient récemment de faire remarquer que le positivisme de Berthelot respecte les réalités morales et les reconnaît irréductibles.

6. D'ailleurs, il est important de le bien remarquer, la liberté de l'homme n'est pas la liberté absolue ou liberté d'indifférence et l'acte libre n'est pas l'acte sans causes[1], comme le prétendent Schopenhauer et

---

1. Voir sur ce point : Ernest Naville, v, viii, 29, 30, 34, 202, et aussi la conférence d'Armand Gautier que Le Dantec (A, 21) a essayé de réfuter, à mon sens sans y réussir.

déjà Helvetius, pour lequel un traité philosophique de la liberté morale serait « un traité des effets sans causes » (Naville, 216).

En réalité, un acte est toujours une résultante de divers facteurs[1] (mobiles, motifs...[2]); seulement, il s'agit de savoir si, parmi ces facteurs, intervient la volonté, intelligente, sensible, éclairée, mais libre, du sujet.

Or, comme dit Fouillée, « si quelque chose agit dans ce monde, nous aussi nous agissons; si quelque chose, après avoir été conditionné, conditionne, nous aussi nous conditionnons » (C, J, XXIV).

On peut donc dire, avec Duprat (qui a cependant une manière de voir bien différente de la nôtre) : « ... ces tendances, ces représentations enchaînées en raisonnements, qui sont les mobiles et les motifs de nos actions, tout cela c'est nous, c'est notre moi, se déterminant progressivement lui-même... l'idée de liberté doit donc se concilier avec l'idée de déterminisme[3]; mais alors elle peut être celle d'une détermination par soi-même, opposée à celle d'une détermination par le dehors, d'une causalité intime opposée à la causalité extérieure. L'idée d'un homme libre est celle d'un agent qui est véritablement agent au lieu d'être simplement un intermédiaire pour la transmission de mouvements[4] » (100 et 96).

Cette notion suffit pour que le déterminisme moral

1. Voir, sur les diverses raisons de l'acte : Fouillée, B, 254.

2. L'action de la liberté « ne consiste pas à vouloir sans motifs, mais à choisir entre les motifs sans être absolument déterminé dans le choix par les antécédents internes ou externes des individus » (Secrétan, 148).

3. Voir aussi Bergson, 126.

4. « Le dynamisme... conçoit donc sans peine une force libre d'un côté et de l'autre une matière gouvernée par les lois » (Bergson, 107).

ne soit plus le même que le déterminisme biologique, pour qu'il ne soit plus du déterminisme, au sens scientifique et positif du mot, puisque dans ce dernier cas le sujet n'est pas facteur, n'intervient pas personnellement ; il subit la loi, il est le théâtre de son exécution.

On ne peut pas dire par suite que dans l'acte libre il y ait création [1] de mouvement, dérogation aux lois biologiques ou physicochimiques.

Pas le moins du monde.

Le sujet libre n'est libre que de *vouloir*. Quand ensuite il *agit*, il doit se conformer aux lois biologiques et aux lois physicochimiques : sinon, sa volonté libre reste théorique et inactive dans la pratique.

Quoi qu'en dise Le Dantec (B, 16) il n'y a notamment là rien de contraire « au principe physique de l'inertie » ni à la loi de la conservation de la force.

Notre distingué collègue à l'Université de Montpellier, Milhaud, a très bien mis la chose en lumière (A, 200).

« Qui n'a lu ou entendu, dit-il, cette assertion que la *conservation de la force*, pour employer une expression courante, condamne, au nom de la rigueur mathématique, la liberté psychologique ? » C'est là une « illusion ».

« Si l'on veut bien admettre que je puisse rester libre, quoique je sois incapable de soulever un poids trop lourd ou de voir jaune une couleur noire ; quoique je doive me borner, sous peine de tomber quand je me tiens sur un seul pied par exemple, aux mouvements qui n'entraîneront pas la projection de mon centre de gravité au delà du contour de mon pied, etc.,

---

1. Voir sur cette objection de la « création *ex nihilo* et *per nihilum* » dans l'acte libre : Fouillée, B, 258.

pourquoi déclarer la liberté incompatible avec telles lois physiques que l'on voudra? Aucune démonstration n'existe et ne saurait exister défendant d'imaginer une vie psychologique libre en face des nécessités cinétiques de la matière[1] » (118).

Donc, comme dit Fouillée, « l'idée n'intervient jamais physiquement, de manière à faire brèche au mécanisme universel » (C, xi).

Si donc la morale est en dehors de la Biologie, elle ne lui est pas contradictoire.

Le biologiste peut donc ignorer la morale, mais il n'a aucun droit à en nier l'existence.

Donc, et pour résumer ce paragraphe, le libre arbitre existe chez l'homme, il est parfaitement conciliable avec le déterminisme des animaux et de l'homme animal. Mais il est incompatible avec la morale purement biologique[2].

On peut conclure avec Fouillée que « la question morale est insoluble pour la science positive »[3].

7. Dès lors, les esprits positifs et scientifiques doivent simplement raisonner de la manière suivante.

L'expérience nous montre l'existence en nous et chez nos semblables des idées de bien, d'obligation et de libre arbitre. La Biologie est impuissante à étudier ces idées, parce qu'elle n'étudie que les lois communes à tous les êtres vivants et qu'elle ne découvre rien de semblable à la morale chez les animaux et les plantes.

La Biologie n'est ni morale ni immorale; elle est amorale.

On ne doit pas plus invoquer l'immoralité contre la

1. Voir aussi Bergson, 114.
2. Voir Naville, 303 et Fouillée, B, liii, et A, 159.
3. On trouvera de remarquables arguments contre la morale évolutionniste dans les pages qui suivent cette phrase. — Comp. le Discours, cité plus haut, de Lanessan.

Biologie qu'on ne peut invoquer la liberté de conscience contre la physique [1].

Donc, la Biologie est impuissante à tout étudier; donc, quelque étendu que soit son domaine, il y a quelque chose qui lui échappe.

Ce quelque chose doit être l'objet d'une autre science distincte et séparée de la Biologie, irréductible à la Biologie.

Cette science est la *psychologie*.

1. Bazard, Cit. Émile Faguet.

IV

B. — Limites latérales de la Biologie (*suite*).

2. — LA PSYCHOLOGIE

1. On a fait de grands efforts dans ces derniers temps pour supprimer l'individualité de la psychologie et la noyer dans la physiologie, et par suite dans la Biologie.

C'est avec les appareils enregistreurs, dans les laboratoires de physiologie et à la Salpêtrière ou dans les asiles, que l'on étudie aujourd'hui la psychologie.

Alfred Giard (Le Dantec, A, 6) proclame « que la Biologie et la psychologie sont destinées à se fondre prochainement »; et, pour Haeckel (23), « la psychologie scientifique est une partie de la physiologie, la théorie des fonctions ou de l'activité vitale des organismes ».

Sergi (11) déclare avoir démontré, dans son ouvrage sur l'origine des phénomènes psychiques et leur signification biologique, « que les phénomènes psychologiques sont des phénomènes vitaux, comme ceux de nutrition et de reproduction, et que leur fonction n'est autre chose que la protection de l'individu et de la descendance ».

2. Il est certain que, les diverses parties de notre humanité étant étroitement unies et solidaires dans la vie, il y a des chapitres frontières que le psychologue ne peut étudier qu'en connaissant la physiologie, notamment du système nerveux.

J'ai demandé[1], et je crois fort désirable, qu'il y ait, dans les facultés des lettres, un enseignement de tout ce qu'un philosophe doit savoir de la physiologie et de la pathologie du système nerveux et, dans les facultés de médecine, un enseignement de tout ce qu'un médecin doit savoir en philosophie.

On réaliserait ainsi la *pénétration* souhaitée des diverses facultés de la même Université et on éviterait certainement beaucoup d'erreurs d'appréciation et des conclusions trop hâtives.

En tout cas, il existe une science de ces zones neutres entre la physiologie et la psychologie : c'est la *psycho-physiologie*, science récente, qui a déjà produit de beaux travaux et provoqué d'utiles recherches, et qui est loin d'avoir dit son dernier mot.

Cette science, qui est, elle, une partie de la Biologie, existe ; il faut qu'on la connaisse, qu'on la creuse, qu'on la développe. Et ce que je dis n'est certes pas pour décourager les pionniers de cette science, tout au contraire.

Mais la psychophysiologie, même largement comprise, même avec les progrès les plus étendus que l'avenir lui fera réaliser, ne peut pas remplacer la psychologie[2], pas plus d'ailleurs qu'elle ne peut remplacer la physiologie tout entière.

Pour Fechner[3], qui en est le fondateur, la psycho-

---

1. Le vertige, Étude physiologique de la fonction d'orientation et d'équilibre. *Revue philos.*, 1901, 225.

2. Dans tout ce chapitre je m'efforce de démontrer cette proposition, qui est posée ici simplement à titre de thèse à établir.

3. On trouvera la bibliographie de Fechner in Foucault (4).

physiologie est « une science exacte des rapports de l'âme et du corps, ces rapports étant envisagés au point de vue phénoméniste »; elle étudie les rapports des phénomènes psychologiques soit avec les phénomènes physiologiques soit avec les phénomènes physiques.

En fait, la mesure des phénomènes psychologiques étant le problème premier devient l'objet capital de la psychophysiologie [1] pour Fechner, qui étudie surtout la mesure des sensations et de la sensibilité [2] (Weber, Vierordt, Fechner). Puis on étudie la durée des actes psychiques (Helmholtz, Wundt) et la psychophysique a en somme « pour objet l'analyse quantitative des perceptions », sa méthode générale consistant « à étudier les phénomènes psychologiques à travers les phénomènes physiques et en particulier à atteindre et à exprimer les quantités psychologiques par le moyen des quantités physiques ».

On voit l'importance de cette science.

Rien de plus légitime que sa constitution sur le terrain suivant : *Étude de l'élément physiologique dans les phénomènes psychologiques.*

Mais elle sort de son domaine et exagère sa portée, quand, oubliant qu'elle n'est au fond qu'un chapitre de physiologie, elle veut envahir, conquérir entièrement et remplacer absolument la psychologie elle-même.

La psychologie est et reste une science à part, qui a ses modes et procédés d'étude et son objet, spéciaux et distincts de ceux de la Biologie.

---

1. Voir, pour tout ce paragraphe, les premières pages de Foucault.

2. Nous discuterons plus loin la loi logarithmique qui résume les recherches de Fechner.

3. Son mode spécial de connaissance est ce que l'on appelait autrefois la *conscience* : c'est l'*observation intérieure*, l'auto-observation.

N'est-il pas curieux de voir la facilité avec laquelle tous les savants font un acte de foi dans la véracité de leurs sens, c'est-à-dire de leurs organes d'expérience extérieure, et la difficulté avec laquelle ils admettent la légitimité de l'expérience intérieure.

L'expérience intérieure existe parfaitement. Elle s'impose à notre esprit avec la même force que l'expérience extérieure.

Il est même facile de voir qu'on commence par elle.

Car c'est par là que nous avons la notion de notre propre existence et cette notion doit nécessairement précéder celle des existences autres que la nôtre.

Lachelier (130-143), Fouillée (C. 1, xxxiv) ont largement développé cette pensée.

Le *ergo sum* de Descartes est notre première affirmation scientifique; elle est la condition de toutes les autres.

C'est l'aperception de Leibniz et de Kant.

« La pensée à qui tout devient visible, est immédiatement visible pour elle-même; dans cette conscience de soi toutes les sciences ont leur point de départ et elles doivent y avoir aussi, sans doute, leur point d'arrivée » (Fouillée, A, 29).

Certes il ne faut pas exagérer cette pensée, n'admettre que l'observation psychique et tomber dans le psychomonisme [1]. Mais il est absolument antiscientifique de nier l'observation intérieure.

C'est la doctrine de Cousin : « Les faits de conscience forment, en un mot, un monde à part, et la science de

---

1. Voir Max Verworn, 40 à 42, et les opinions qu'il cite de Descartes, Berkeley, Fichte, Schopenhauer et Mach.

ces faits doit être distincte de toutes les autres sciences y compris la physiologie » (Lachelier, 108).

Renouvier a très énergiquement soutenu et développé cette même thèse (A, 400 et suiv.).

Il cite en la qualifiant d' « étonnante proposition » cette phrase d'Herbert Spencer : « la personnalité dont chacun est conscient et dont l'existence est pour chacun un fait plus certain de beaucoup que tous les autres faits, est cependant *une chose qui ne peut vraiment point être connue*. La connaissance en est interdite par la nature de la pensée ».

Pourquoi? Elle est interdite par la nature de la pensée de Spencer? J'en doute. Car la pensée de Spencer est singulièrement pénétrante. Pourquoi serait-elle interdite par la nature de la pensée humaine?

Voici la raison que donne Spencer.

« L'acte mental dans lequel le soi est perçu implique un sujet percevant et un objet perçu. Si donc l'objet perçu est *le soi*, quel est le sujet qui perçoit? Ou, si c'est le vrai soi qui pense, quel est l'autre soi qui est pensé? *Évidemment*, une vraie connaissance de soi implique *un état* dans lequel le sujet et l'objet sont identifiés et *cet état*, c'est l'anéantissement du sujet et de l'objet. »

Voilà un raisonnement étrange pour étayer une « étonnante proposition ».

Renouvier, après avoir cité le passage de Spencer, poursuit excellemment : « C'est nous qui soulignons, parce que ce mot *évidemment*, cet état qui est l'état d'on ne sait quoi, ce *soi* qui n'a plus ni sujet, ni objet, et dès lors énonce un pur néant, nous offrent le curieux spécimen d'un réalisme prodigieusement naïf en son absurdité. Le sophisme repose sur la supposition que l'objet et le sujet sont *deux choses...* »

Donc, on le voit, la négation dogmatique de l'auto-observation, ainsi formulée par Spencer est, comme dit Renouvier, une « étonnante proposition », un *a priori*, une « supposition », un « curieux spécimen d'un réalisme prodigieusement naïf en son absurdité ».

Développant encore cette pensée, Renouvier dit plus loin (A, 447) : « La donnée empirique de la conscience du moi, avec une représentation objective, quel que puisse être ou paraître l'objet représenté, est un fait antérieur et supérieur à toute autre affirmation possible, et en est la condition. »

Il est donc impossible, en science positive, de nier l'auto-observation, l'observation intérieure, la conscience et, par l'existence démontrée de cette méthode spéciale d'observation et de connaissance, on peut dire que non seulement la psychologie existe en dehors de la Biologie, mais encore elle la précède logiquement et en est la condition.

4. Cette science, distincte de la Biologie par ses méthodes et ses moyens d'investigation, a aussi, par là même, un objet particulier, spécial, distinct de l'objet de la Biologie.

Tandis que la Biologie étudie les lois des phénomènes communs à tous les êtres vivants, la psychologie étudie les phénomènes propres à l'homme, n'ayant pas leur analogue chez les autres êtres vivants, et leurs lois.

Nous connaissons déjà une de ces notions propres à l'homme que la psychologie devra étudier : c'est la notion du bien, de l'obligation et du libre arbitre.

Voilà un premier objet de la science psychologique, nous en trouverons d'autres dans les chapitres suivants, quand nous étudierons l'esthétique, la logique, les mathématiques, la métaphysique...

D'une manière plus générale, l'objet de la psychologie est l'étude des phénomènes psychiques supérieurs, propres à l'homme.

Ce mot « psychiques » a eu des fortunes successives et des sens variés. On a même voulu, dans ces derniers temps, en faire un synonyme d'occultes, de suprascientifiques...

Nous laisserons au mot son ancien sens. Sont psychiques tous les phénomènes d'intelligence, sans idée préconçue ni nécessaire du principe de cette intelligence.

Ainsi compris, les phénomènes psychiques se divisent en deux catégories bien différentes : le psychisme inférieur, automatisme psychologique ou supérieur, d'une part, et d'autre part le psychisme supérieur.

Le premier, celui que nous avons appelé polygonal [1], est commun (au degré près) à l'homme et aux animaux; il garde chez l'homme des centres corticaux spéciaux, distincts de ceux du psychisme supérieur.

Le second, psychisme supérieur, est propre à l'homme et, par suite, il ne peut être étudié que chez l'homme, par la psychologie.

Ce qui caractérise le psychisme supérieur, propre à l'homme, c'est la conscience synthétique du bien et du beau, c'est le raisonnement appliquant consciemment les idées universelles, abstrayant, déduisant et sachant pourquoi, c'est la décision libre, raisonnée et responsable, entraînant le mérite ou le démérite.

Complétant la phrase, citée plus haut, de Fouillée, je dirai : la psychologie est la science de la volonté et de la conscience.

---

1. De l'automatisme psychologique (psychisme inférieur, polygone cortical) à l'état physiologique et pathologique, *Leçons de clinique médicale*, t. III, 1898, et Les centres de l'équilibration et le polygone de l'automatisme supérieur (extrait des *Maladies de l'orientation et de l'équilibre*), *Revue scientifique*, 5 oct. 1901, p. 428.

Ainsi définie par sa méthode et son objet, la psychologie est bien une science propre à l'homme. Les animaux présentent aussi des phénomènes psychiques; mais nous ne pouvons pas les étudier en eux-mêmes, dans la conscience des sujets. Nous ne pouvons les étudier que dans leurs manifestations physiologiques.

La psychologie animale est donc un chapitre de la Biologie, tandis que la psychologie de l'homme ou psychologie proprement dite est une science spéciale, distincte de la Biologie.

5. Toute une école, composée d'hommes extrèmement distingués, a combattu dans ces derniers temps cette manière de voir, en soutenant que la psychologie de l'homme devait se faire comme la psychologie des animaux, par la seule étude des phénomènes physiologiques qui accompagnent les phénomènes psychiques, c'est-à-dire par la seule étude de ce que l'on a appelé les phénomènes psychophysiologiques. Et, en fondant et en développant la psychophysiologie (qui n'est qu'un chapitre de la physiologie et de la Biologie) on a voulu la substituer entièrement à l'ancienne psychologie, qui a disparu comme science distincte, non biologique.

« En un mot, disait Ribot (B, C), résumant la doctrine de Fechner, Wundt (A, B) et Delbœuf (B. C), à tout phénomène ou groupe de phénomènes d'ordre psychologique correspond un fait ou groupe de faits d'ordre physiologique et l'explication scientifique des premiers doit être cherchée dans la connaissance des seconds. »

Et alors, sur ce principe, est créée la psychologie physiologique qui est l'introduction en psychologie des principes, des méthodes et des hommes de la physiologie.

Il y a vingt-cinq ans, j'ai essayé[1] de montrer l'inanité de cette tentative d'inféodation complète de la psychologie à la physiologie, et j'ai discuté le *logarithme des sensations*, qui a été une des premières et plus importantes lois de la psychophysiologie[2].

Je rappelle cette loi capitale, dont Ribot a dit : « par elle, la mesure exacte est appliquée pour la première fois aux phénomènes psychiques ».

On peut l'énoncer ainsi : « les sensations croissent comme les logarithmes quand les excitations croissent comme les nombres ordinaires » ; ou, plus brièvement : « la sensation croît comme le logarithme de l'excitation » ; ou, en langage plus clair, « quand les excitations augmentent suivant une progression géométrique, les sensations augmentent suivant une progression arithmétique ».

A mon sens, disais-je en discutant cette loi en 1876, l'objection capitale à faire à la loi psychophysique, c'est que la sensation n'est pas une grandeur mesurable comme les grandeurs ordinaires, et alors on ne peut pas dire que la sensation croisse comme le logarithme des excitations.

Nous distinguons bien deux sensations semblables et deux sensations dissemblables, mais il nous est impossible de dire si une sensation est le double ou le triple d'une autre. Nous ne pouvons faire abstraction de la qualité d'une sensation pour n'en apprécier que la quantité.

Dans les expériences des psychophysiologistes il m'est impossible de dire que les petites sensations

---

1. La Psychologie physiologique contemporaine. Revue critique. *Montpellier médical*, janvier 1876.

2. Voir dans Foucault un long et très bon exposé de la loi de Fechner (loi logarithmique, loi psychophysique fondamentale) et de ses éléments antérieurs : la loi de Weber et la loi du seuil.

éprouvées à chaque augmentation minima d'excitant sont égales entre elles. Et alors on ne peut plus les poser en série arithmétique quand les excitations croissent en série géométrique, et par suite tout l'édifice de la loi est ruiné.

« On saisit un moment où la sensation change : il n'y a là ni quantité ni continuité[1]. » Il est impossible de traiter mathématiquement une notion de cette espèce.

Le raisonnement des psychophysiologistes n'a donc qu'une apparence de rigueur.

Rien, absolument rien ne me prouve l'égalité des divers minima de sensation. De ce qu'une sensation est provoquée par le minimum d'excitation perçue, je ne peux pas conclure que cette sensation soit elle-même minima absolue et par suite toujours égale à elle-même. Ce n'est que par définition que l'on peut poser cela et la loi cesse d'être une loi pour devenir elle-même une définition.

En somme, les expériences des psychophysiologistes ont un grand intérêt et une grande portée, mais au seul point de vue physiologique.

Pour rester dans la vérité des faits démontrés par l'expérience, il faut dire : *pour que des excitations successives agissent efficacement sur les extrémités périphériques des nerfs sensitifs, il faut qu'elles croissent en progression géométrique.* Voilà le fait incontestable.

Il n'y a absolument rien de psychique là dedans. Les sensations ne pourraient entrer dans la loi trouvée que si, par d'autres expériences, on les avait mesurées et on avait trouvé leurs rapports avec l'excitation nerveuse.

---

1. A propos du logarithme des sensations. *Revue scienlif.*, p. 876.

Car il faut bien se garder de confondre la sensation et l'excitation nerveuse qui lui donne naissance. Rien n'autorise à conclure de l'excitation nerveuse à la sensation perçue.

Donc, *la loi des logarithmes est une loi purement physiologique et nullement psychologique.*

Cette argumentation de 1876 me paraît toujours valable [1].

Récemment encore, Bergson (tout le chap. 1) a repris, avec beaucoup de soin, cette étude de l'intensité des états psychologiques et il a montré que cette notion « se réduit ici à une certaine qualité ou nuance dont se colore une masse plus ou moins considérable d'états psychiques ». Il montre qu'il y a « là un changement de qualité plutôt que de grandeur ». Les éléments qui semblent accroître la grandeur d'une sensation se bornent à en modifier la nature. De même, « les intensités successives du sentiment esthétique correspondent à des changements d'état survenus en nous... Il n'y a rien de commun entre des grandeurs superposables telles que des amplitudes de vibrations, par exemple, et des sensations qui n'occupent point d'espace ».

Parlant ensuite de la loi de Fechner et appliquant les mêmes principes : « Mais comment passer, dit-il, d'une relation entre l'excitation et son accroissement minimum à une équation qui lie la quantité de la sensation à l'excitation correspondante? Toute la psychophysique est dans ce passage... »

Et Bergson conclut : « Considérés en eux-mêmes, les états de conscience profonds n'ont aucun rapport avec la quantité; ils sont qualité pure... »

---

1. Elle développait d'ailleurs l'argumentation de Tannery : lettres anonymes de la *Revue scientifique*, 13 mars et 15 mai 1875.

Plus récemment encore, Foucault (125-144 et suiv.) a repris avec beaucoup de force la discussion de la loi de Fechner qui est, dit-il, la base expérimentale de toute la psychophysique [1].

Il ne faut pas confondre la sensation et la perception. La sensation est un phénomène « de conscience faible et obscure » ; un travail automatique en fait une perception, qui est « un composé de sensations et d'images associées ».

Ce sont des perceptions que Fechner étudie et qu'il a la prétention d'analyser.

Or, « la perception est en partie l'œuvre propre de chacun de nous, nos images reflètent notre passé, peut-être même notre caractère, car elles se sont modifiées à notre insu depuis le jour où elles ont été formées : bref, nous marquons chacune de nos perceptions d'un trait qui nous est personnel et par suite il ne peut pas exister une relation fonctionnelle générale entre l'excitation et la perception qu'elle détermine. L'interprétation que Fechner a donnée de ses expériences est donc insoutenable ; car il est évident que, quand nous comparons des intensités lumineuses ou sonores, des poids ou des longueurs, ce n'est pas la sensation qui est le fait psychologique en jeu, mais la perception ».

Et Foucault conclut nettement : « Les tentatives faites par Fechner et beaucoup d'autres pour mesurer, directement ou indirectement, l'intensité des sensations, sont donc stériles, parce que cette prétendue intensité n'existe pas, et que par suite la sensation ne grandit en intensité ni d'une manière continue, ni d'une manière discontinue » (181)... et ailleurs (267) :

____

1. « Si cette loi n'était pas exacte, la psychophysique n'existerait pas, du moins telle que l'a conçue Fechner » (Marcel Foucault, 18).

« le système psychophysique de Fechner est inacceptable parce que l'idée qui lui sert de base est fausse : il est faux que, lorsque nous portons le jugement psychophysique, lorsque nous déclarons, par exemple, une intensité lumineuse plus forte qu'une autre ou égale à une autre, notre jugement soit déterminé par une comparaison quantitative des sensations ou des perceptions ; la prétendue intensité des sensations, qui grandirait et diminuerait à mesure que les intensités physiques correspondantes grandissent et diminuent, n'existe pas »... « la recherche d'une loi mathématique reliant les phénomènes psychologiques à leurs concomitants physiologiques et à leurs antécédents physiques était chimérique » (484).

Voilà donc une première tentative, déjà ancienne, pour faire rentrer la psychologie dans la Biologie, qui me paraît vaine.

On a réussi à réunir des faits très intéressants, on a trouvé une loi nouvelle et créé un chapitre nouveau. Mais *c'est une loi et un chapitre de physiologie et nullement de psychologie.*

Voici maintenant une autre tentative du même genre, celle-ci très récente, qui ne me paraît pas aboutir davantage à l'inféodation de la psychologie dans la Biologie.

C'est l'étude contemporaine des émotions et la théorie de James et de Sergi.

6. Lange, de Copenhague, puis William James, de Harvard, et surtout Sergi [1] de Rome, ont voulu

---

1. Tout l'exposé de ce paragraphe est emprunté au livre de Sergi. La théorie a d'abord été exposée par William James (*Mind*, 1884), puis par Lange (1885, trad. franç. de L. Dumas, 1895). Voir aussi la Revue critique de Binet in *Année psychologique*, t. II, 1896, 711.

démontrer « que les phénomènes psychologiques sont des phénomènes vitaux comme ceux de nutrition et de reproduction, et que leur fonction n'est autre chose que la protection de l'individu et de la descendance ».

Dans la douleur, le plaisir, toutes les émotions, il y a des troubles physiologiques, tels que « arrêt ou accélération du cœur, arrêt de la respiration, sensation de suffocation, difficulté de la respiration profonde, sécrétions abondantes ou excessives dans les intestins, larmes, pâleur, rougeur, tremblement, mouvements violents ou convulsifs ».

Ces phénomènes physiologiques sont la partie essentielle de l'émotion, *constituent l'émotion*.

« La théorie que je soutiens, dit Sergi, est que les émotions sont les sentiments des changements plus ou moins profonds des fonctions de la vie organique depuis les plus vitaux jusqu'aux moins vitaux, du mouvement du cœur et de la respiration aux sécrétions, au déséquilibre sanguin par action vasomotrice, par dilatation ou restriction des vaisseaux en quelque lieu de la circulation que ce soit, jusqu'à l'augmentation ou à la diminution de l'énergie neuromusculaire, au relâchement ou à la contraction musculaire, depuis tous les phénomènes de l'agonie jusqu'à l'excès d'action de l'énergie vitale. »

Le centre des émotions n'est plus le cerveau (les centres corticaux perçoivent simplement l'émotion, la rendent consciente; d'autres fois, ils la provoquent), mais le vrai et seul centre des émotions est la moelle allongée.

Cela s'applique aux émotions même les plus élevées, comme les émotions altruistes.

Et voilà tout un gros et important chapitre de l'ancienne psychologie réuni à la physiologie, fondu dans la Biologie.

La chose ne me paraît pas aussi claire que cela.

Sergi reconnaît bien la nécessité d'intervention du cerveau pour rendre l'émotion consciente. Mais c'est pour lui, un élément secondaire, quasi insignifiant.

James, constatant bien cet élément cérébral, lui accorde peu d'importance dans les émotions grossières (coarser), mais lui reconnaît un grand rôle dans les émotions délicates (subtler).

Sergi s'élève contre cette distinction : il n'y a pas deux catégories d'émotions et, avec Baldwin, il accuse James de détruire lui-même son ancienne théorie et de revenir à l'*orthodoxie*.

Eh bien ! je suis de l'avis de James et vais même plus loin que lui : dans les émotions et en général dans les phénomènes psychologiques il y a deux éléments, l'élément physiologique et l'élément psychologique. Sergi a, à mon sens, le tort de subordonner le second au premier au point de l'annihiler. Je crois qu'il faudrait au moins les mettre sur le même pied; ou, si on tient à les hiérarchiser, c'est l'élément psychologique qui est le plus important, le seul essentiel.

La meilleure des preuves en est que l'on conçoit très bien et l'on observe des phénomènes psychologiques et des émotions sans phénomènes physiologiques, tandis que l'émotion n'existe plus dès qu'il n'y a pas conscience, phénomène psychique proprement dit.

De plus, quand les phénomènes physiologiques accompagnent les émotions, il n'y a nullement parallélisme entre les deux ordres de phénomènes : ce qui devrait être dans la théorie de Sergi.

En même temps il n'y a aucune spécificité dans les réactions physiologiques. A des émotions très diverses correspondent des syndromes physiologiques identiques.

« Binet et Courtier ne voient qu'un seul fait de caractère physiologique dans les émotions provoquées, quelle que soit leur qualité : elles provoquent des vasoconstrictions et accélèrent la respiration et le cœur [1] » (Sergi, 443).

Sergi reconnaît l'importance de l'objection.

« La difficulté, dit-il (180), est d'expliquer pourquoi les phénomènes dans le plaisir et la joie sont fondamentalement identiques à ceux de la colère ou de la fureur... Nous ne pouvons trouver d'autre origine à cette identité fondamentale que le principe de défense et de protection considéré comme fonction primaire de la psychologie. »

C'est parfait. Mais alors il faut bien reconnaître dans les émotions deux éléments : l'un physiologique, commun, qui a son centre à la base de l'encéphale, que le biologiste doit étudier, que Sergi a très bien analysé ; — l'autre psychologique, spécial, qui a son centre dans l'écorce, que le psychologue peut seul analyser et étudier par l'observation intérieure.

Les éléments de la première catégorie (physiologiques) sont communs aux animaux et à l'homme et constituent des phénomènes biologiques de défense et de protection.

Mais, comme le reconnaît très bien Sergi (166), « nous employons aussi notre puissance intellectuelle à des usages différents de ceux de la défense ou de la protection psychique : nous nous occupons de

---

1. Voir le Mémoire entier de Binet et Courtier (*Année psychol.*, t. III, 1897, 65) et aussi les travaux de Georges Dumas sur la joie et la tristesse (*Revue philos.*, 1896), et ceux de Vaschide et Marchand (*Revue de psychiatrie*, juillet 1900 ; *Rev. sperim. d. Freniatria*, 1900, 512 ; *Soc. de Biol.*, 11 mai 1901 ; *Revue de médecine*, 1901, 733). Je ferai seulement remarquer ici que les observations de malades, très importantes pour l'étude de l'élément physiologique des émotions, ne peuvent guère servir pour la solution du problème de doctrine que nous étudions ici, parce que, chez les malades, l'élément psychologique est complètement perturbé.

recherches scientifiques, littéraires, artistiques ».
C'est là, dit le même auteur, « une quantité d'énergie
exubérante que nous employons, comme un luxe d'activité, à des usages n'ayant pas trait à l'utilité biologique ».

Ces usages ont trait à la vie psychologique de
l'homme, ce qui est une partie capitale de son existence. Les émotions ne sont donc pas seulement des
phénomènes de défense biologique; ce sont aussi des
phénomènes de haut psychisme, qui vont jusqu'à
l'émotion esthétique et à l'émotion morale [1].

Voilà le second élément de l'émotion, qui est du
ressort exclusif de la psychologie.

Sergi cite même (88) une expérience de François
Franck qui prouve précisément l'indépendance des
phénomènes physiologiques (centres de la base) et des
phénomènes psychologiques (écorce) dans l'émotion
et par suite la nécessité d'une étude double et séparée
(biologique et psychologique) de ces phénomènes.

Ribot reconnaît très bien l'existence de ces deux
éléments. « Chaque espèce d'émotion, dit-il, doit être
étudiée de cette manière : ce que les mouvements de
la face et du corps, les troubles vasomoteurs, respira-
toires, sécrétoires, expriment objectivement, les états
de conscience corrélatifs que l'observation intérieure
classe suivant leurs qualités l'expriment subjective-
ment : c'est un seul et même événement traduit en
deux langues [2] » (Sergi, 435).

---

1. On verra les efforts que Sergi est obligé de faire pour
étendre sa théorie, même aux sentiments moraux (213 et suiv.),
et esthétiques (283 et suiv.). Nous reviendrons sur ce dernier
point dans notre chapitre v.

2. Rendant compte du livre de Ribot sur *la Psychologie des
sentiments*, Binet (*Année psychol.*, t. III, 1897) dit d'abord
(559) que Ribot « donne son adhésion complète » à la théorie
de Lange-James et ensuite (561) il ajoute : « en y regardant

Goblot (181) ne veut pas non plus voir dans le phénomène psychologique une simple doublure contingente des phénomènes physiologiques, un « éclairage de luxe » du mécanisme, comme a dit Fouillée.

Pour lui, le point de vue mental et le point de vue physique s'adressent à la même chose, « qui, pouvant être connue par deux voies différentes, les sens et la conscience, se présente sous deux aspects irréductibles [1] ».

Il me paraît difficile, après cela, d'admettre l'identité des deux ordres de phénomènes, qui sont connus par des voies *différentes* et se présentent sous des aspects *irréductibles*. En tous cas, retenons qu'ils doivent être l'objet de deux sciences différentes, la Biologie et la psychologie.

Bergson, lui aussi, ne peut pas admettre que l'émotion de la fureur « se réduise à la somme de ces sen-

de près, on s'aperçoit que Ribot rejette complètement la théorie de James-Lange » Sergi considère aussi Ribot comme son adversaire.

1. Goblot conclut cependant (186) que « la psychologie n'est point une science indépendante; si la physiologie est nécessairement psychologique, la psychologie à son tour est nécessairement physiologique ». Je rappellerai d'abord à Goblot qu'il reproche à Ampère (19) d'avoir dit qu'une science est mathématique parce qu'elle emploie les mathématiques. Des rapports très intimes et très étroits, qui unissent la Biologie et la psychologie, on ne peut pas nécessairement conclure à l'identité des deux sciences. Je crois tellement à leur connexité qu'à mon sens on ne peut être ni physiologiste sans être aussi psychologue ni psychologue sans être aussi physiologiste. Mais on peut bien dire aussi qu'il est impossible d'être physicien sans être mathématicien et cependant la physique et la mathématique sont deux sciences distinctes. De l'aveu de Goblot, la Biologie et la psychologie ont des méthodes différentes et des objets différents. Cela suffit pour en faire deux sciences distinctes l'une de l'autre et pour ne pas les confondre et les identifier.

sations organiques : il entrera toujours dans la colère un élément psychique irréductible » (22).

Voilà donc une seconde tentative, qui a échoué, de faire rentrer la psychologie dans la Biologie.

Comme Fechner, Sergi étudie la zone frontière entre ces deux sciences; mais cette étude même n'aboutit qu'à mieux démontrer l'existence de limites entre la Biologie et la psychologie.

Donc, la psychophysiologie est une étude intéressante, le plus souvent purement physiologique, des zones frontières entre la psychologie et la physiologie; mais elle ne peut pas remplacer toute la psychologie pour en faire ainsi un simple chapitre de Biologie.

On trouve même, non sans étonnement, parmi les défenseurs de notre doctrine, des hommes comme Stuart Mill et Spencer.

« Je regarde, dit le premier (B, Blum, 359), comme une erreur tout aussi grande en principe, et plus sérieuse encore en pratique, le parti pris de s'interdire les ressources de l'analyse psychologique, et d'édifier la théorie de l'esprit sur les seules données que la physiologie peut actuellement fournir. »

Quant à Herbert Spencer (C, Blum, 394), il démontre que « la distinction entre la biologie et la psychologie se justifie de la même manière que la distinction entre les autres sciences concrètes », et établit contre Auguste Comte que « la psychologie est une science complètement unique, indépendante de toutes les autres sciences quelles qu'elles soient, qui s'oppose à elles comme une antithèse [1] ».

7. Un autre argument vient encore à l'appui de cette idée que la psychologie et la Biologie sont bien dis-

______

1. Ceci paraît du reste contradictoire avec les idées de Spencer sur l'évolutionnisme.

tinctes l'une de l'autre, chacune avec sa méthode et son objet propres.

C'est que beaucoup de biologistes reconnaissent très bien aujourd'hui que la conscience (mode de connaissance éminemment psychologique) est impossible à analyser chez les animaux et par suite échappe à la Biologie.

Ainsi le Dr Claparède (495-498) s'est récemment posé cette question : les animaux sont-ils conscients? et il démontre combien cette question est au-dessus du biologiste.

Il n'y a pas, dit-il, de « criterium objectif de la conscience »... « le subjectif et l'objectif sont hétérogènes ». « Et voilà pourquoi nos biologistes, lorsque, étant donné un système nerveux d'animal, ils cherchent à en inférer le degré de conscience correspondant, se conduisent comme un physicien qui prétendrait déduire immédiatement de ses observations thermométriques le nombre et la nature des crimes qui se commettent au même instant. » Et il conclut : « à la question : les animaux sont-ils conscients? la physiologie — et même la psychologie en tant que cette science est explicative — doivent donc répondre non seulement : Je l'ignore, mais encore : Peu m'importe! »

De même, Sergi (45) trouve « artificieuse » et « pas scientifique » la distinction, en Biologie, de la sensibilité consciente et de la sensibilité inconsciente. Il élimine donc du domaine de la Biologie l'étude des phénomènes de conscience.

Donc, les phénomènes de conscience restent l'objet distinct d'une science spéciale : la Psychologie.

8. Seulement comme ces phénomènes de conscience ne peuvent être bien étudiés que par l'observation intérieure et par suite exclusivement chez l'homme, l'objection surgit immédiatement que nous faisons

ainsi de l'*anthropocentrisme*. Or, c'est là un mot redoutable avec lequel on supprime certaines assertions aussi sûrement que, pour d'autres, avec le mot « anthropomorphisme ».

J'accepte d'ailleurs le reproche. Si on fait de l'anthropocentrisme en séparant nettement l'homme des animaux, en proclamant qu'il y a des sciences humaines distinctes des sciences biologiques (communes aux animaux et à l'homme), je fais de l'anthropocentrisme et je ne m'en cache pas : car c'est le principal but du présent livre.

Et ce genre d'anthropocentrisme me paraît parfaitement acceptable et scientifique.

Halleux a très bien développé (102) tous les arguments en faveur de la séparation de l'homme et des animaux.

On ne peut pas nier « la conquête progressive de la nature par l'homme, et cela dès les temps les plus reculés » (117).

« Seul, parmi les êtres innombrables qui l'entourent, l'homme est capable de s'assimiler l'œuvre de ses devanciers, de profiter des efforts qu'ils ont faits, des connaissances qu'ils ont acquises, de comprendre le passé, et par le passé de prévoir l'avenir, de progresser en un mot par la comparaison des choses » (de Nadaillac. Cit. Halleux, 122).

« Quelle longue patience, quel génie il a fallu à l'homme nu, désarmé, inhabile, des temps préhistoriques, pour faire peu à peu la conquête du monde, des choses et des êtres ambiants, tous ennemis nés du futur roi de la nature. Qui aurait pu deviner, en présence des gigantesques mammouths, des énormes mastodontes, des titanesques dinotériums, des forêts de fougères arborescentes qui devaient devenir la houille, que l'être débile, velu, informe, qui, audacieux, au lieu de se courber vers le sol, osait lever les yeux vers la voûte étoilée, dompterait un jour tout cela? » (Foveau de Courmelles, 56.)

« L'uniformité et la stabilité caractérisent donc la conduite de l'animal, le changement et le progrès celle de l'homme » (Halleux, 123).

On a voulu cependant soutenir la thèse précisément inverse et le Dr Maréchal a consacré un livre, d'ailleurs intéressant, à soutenir la « supériorité des animaux sur l'homme ».

Acceptons cette démonstration d'allure paradoxale, nous y trouverons des arguments en faveur de notre propre thèse.

Toutes ces preuves de la supériorité des animaux sur l'homme, rapprochées de ce fait que l'homme est devenu le « roi de la création », qu'il a asservi les animaux, qu'il les a domptés, qu'il s'en sert, lui si inférieur, alors que les animaux n'ont organisé nulle part une lutte victorieuse contre l'homme, prouvent que l'homme et les animaux sont différents.

Car, de deux êtres identiques, de même nature, de même constitution, il est illogique d'admettre que c'est l'inférieur qui a toujours et partout vaincu le supérieur.

En quoi consiste donc la supériorité des animaux? dans la force exclusive du déterminisme et de l'automatisme, dans la faiblesse ou l'absence de la spontanéité.

Les minéraux (les planètes, la terre) atteignent leur but encore plus sûrement que les animaux. C'est la supériorité, dans le règne humain, du sauvage sur Victor Hugo.

On trouvera dans le livre, déjà souvent cité, de Halleux (105) de nombreux exemples (à opposer à ceux de Maréchal) qui établissent nettement le genre de psychisme de l'animal comparé à celui de l'homme.

Nous conclurons avec cet auteur (127) : « Il y a lieu,

dès lors, d'attribuer à l'homme une nature spéciale, caractérisée par le pouvoir d'abstraire et de raisonner d'après des principes généraux. Ce pouvoir crée entre lui et l'animal, non une simple différence de degré, mais une différence d'essence. »

9. Puisqu'il y a chez l'homme des phénomènes propres, spéciaux, ne se retrouvant pas chez les autres êtres vivants, la question doit scientifiquement se poser de savoir ce qu'il y a derrière ces phénomènes spéciaux, de savoir si l'homme n'aurait pas une âme correspondant à ces phénomènes spéciaux et, s'il en est ainsi, d'où vient et où va cette âme.

Notez que je ne prétends trancher ni même aborder ici la grave question de la spiritualité et de l'immortalité de l'âme. Je dis simplement que la question se pose, qu'il y a lieu de l'étudier, de la résoudre si possible et que ce n'est pas l'affaire du biologiste [1].

Fouillée (B, XXXV) a bien montré l'insuffisance des réponses des biologistes qui ont, comme Marselli, voulu aborder ces questions : que sommes-nous? d'où venons-nous?

Il s'agit, bien entendu, ici de l' « immortalité personnelle » que Haeckel déclare « tout à fait insoutenable » et qu'il ne faut pas confondre avec l'immortalité générale considérée comme « la conservation de la substance », c'est-à-dire la conservation de l'énergie physique et de la matière chimique, celle dont parle le même Haeckel, quand il dit : « l'univers, dans son ensemble, est immortel ».

A la psychologie aussi, et encore plus peut-être à la théologie, en tout cas pas du tout à la Biologie,

____

1. « La science a-t-elle fourni la preuve de l'inexistence de l'âme? Assurément non... Le problème de l'existence de l'âme n'est donc nullement de son ressort. Ceux qui font profession de positivisme ne nous contrediront pas » (Halleux, 219).

appartiendrait la question de savoir si, comme le veut Renouvier, Dieu, « en prévision de la chute, avait déposé au plus profond des organismes primitifs certaines compositions monadiques, étrangères aux fonctions vitales, mais liées à l'unité psychique des sujets et indestructibles », s' « il est possible qu'après cette vie certains êtres humains soient anéantis » et si seuls ne revivent pas « dans des corps nouveaux adaptés à un milieu nouveau »... « ceux qui n'auront pas détruit en eux la liberté » par le mauvais usage [1].

Guyau, qui ne pense certes pas comme nous sur toutes ces grandes questions, dit dans l'*Irreligion de l'avenir* : devant la science moderne, l'immortalité demeure ; si le problème n'a pas reçu de solution positive, il n'a pas reçu davantage, comme on le prétend parfois, de solution négative [2].

Rien de plus vrai.

Le biologiste ne peut qu'ignorer ces questions qui intéressent tellement l'homme.

La Biologie ne doit en rien intervenir dans leur solution, qui regarde exclusivement cette autre science, la psychologie, dont nous venons d'indiquer les limites par rapport à la Biologie [3].

---

1. Baylac, *passim*. Sur cette doctrine, surtout soutenue par les théologiens protestants, qui envisage l'immortalité comme une récompense des âmes qui ont fait un bon usage de leur liberté, voir la Conférence du professeur Sabatier à l'Association générale des étudiants de Montpellier (1900), sur les destinées de l'âme, et aussi Ernest Naville, 289.

2. De même Ed. Perrier : « Rien ne conduit dans la doctrine de l'évolution, rien ne conduit dans la doctrine de l'unité de la force, de l'unité de la matière, à ne voir dans l'homme qu'une combinaison passagère, éminemment périssable » (cit. Blum, 590).

3. Voir aussi une récente conférence de Claparède sur la psychologie dans ses rapports avec la médecine (*Revue médicale de la Suisse romande*, 1901, n° 10) ; je ne l'ai reçue que pendant la correction des présentes épreuves.

C'est ce qu'exprime Fouillée quand il dit (B, 26) :
« la science proprement dite, la science objective et
explicative, a aussi une seconde limite, et celle-là toute
immanente, du côté du sujet conscient, à savoir la
conscience même ».

Vous voyez comme la Biologie se circonscrit peu à
peu, comme elle se trompait quand elle rêvait de ne
point avoir de limites.

Et nous ne sommes pas au bout.

V

B. — Limites latérales de la Biologie (*suite*).

3. — LA LITTÉRATURE ET LES ARTS (ESTHÉTIQUE)

La *littérature*, les *arts* et l'*esthétique* dont ils sont l'application constituent aussi un mode d'intellectualité et de connaissance bien positif, bien réel et bien net, et aussi, bien séparé de la Biologie.

On a cependant voulu les confondre.

1. Nous avons assisté à cette tentative qui a voulu apporter dans la *littérature* les procédés de la physiologie : on découpe des tranches de vie, on fait des planches d'anatomie morale, on dissèque des âmes, et en décrivant ces états d'âme on reste expérimental et documentaire, on fait l'histoire naturelle d'une génération, la critique devient une herborisation des esprits (Pellissier, 268).

Tout cela reste joli quand on laisse à ces mots leur sens d'image, de comparaison et de figure. Pris au pied de la lettre, cela devient ridicule.

La tentative n'est d'ailleurs pas nouvelle.

Un critique qui a très bien étudié toute cette question, Lanson, dit (319) que « Ronsard a été l'auteur de la dernière révolution qui ne se soit pas faite au nom de la vérité, le chef de la dernière école qui n'ait pas d'abord inscrit sur son drapeau la vérité ».

A partir de Bacon et de Descartes, commence « la prise de possession de la littérature par l'esprit scientifique ». Et alors c'est une lutte d'influence entre le sens esthétique et l'esprit scientifique, depuis Boileau pour lequel « rien n'est beau que le vrai », jusqu'à Victor Hugo qui appelle le beau le « serviteur du vrai ».

Le dernier et plus récent terme de cette évolution est le naturalisme.

« Comme le mathématicien Descartes à Boileau, le physiologiste Claude Bernard fournit à M. Zola le principe de sa théorie littéraire... Le naturalisme est la forme à la fois la plus outrée et la plus dégradée de la littérature scientifique. »

Tous les auteurs « ont subi plus ou moins l'influence des mêmes idées, et leurs œuvres, leurs théories, leurs confidences révèlent l'assimilation que leur imagination, complice de leur amour-propre, établit entre leur travail et le travail scientifique, fascinés qu'ils sont par les miracles et la popularité de la science. Flaubert exposait le cas d'Emma Bovary comme une leçon d'amphithéâtre; MM. de Goncourt invitaient le public désireux de s'instruire à fréquenter leur clinique, et l'on sait comment M. Zola, naïvement, s'estimait ouvrier de la même œuvre que Claude Bernard. On n'a pas oublié avec quelle amusante gravité doctorale M. Daudet déposa naguère, devant un tribunal, du ton d'un médecin légiste commis à l'expertise de l'état mental d'un accusé : il ne doutait pas que son témoignage ne dût faire foi, venant d'un homme de science, dont la profession était l'étude des troubles passionnels. Et Paul Bourget [1] dans le roman, et

1. Il ne faut cependant pas confondre dans la même con-

M. Becque au théâtre, et à leur suite tous les infiniment petits du théâtre et du roman, ne sont-ce pas des cas qu'ils exposent, des *mémoires* qu'ils composent, en hommes qui mènent une vaste enquête sur l'humanité contemporaine? ne sont-ils pas tous des spécialistes qui professent et au besoin donnent des consultations? Le théâtre libre n'est-il pas fondé, obscénité à part, sur la prétention de décrire avec toute la rigueur et l'impassibilité de la science les plaies, les détraquements, les malaises de notre pauvre siècle? Et y a-t-il rien de comique comme de voir le respect profond avec lequel une foule de candides auteurs touchent à leurs propres fantaisies, émus et graves comme un carabin devant son premier cadavre? »... D'autres, au lieu de professer, prêchent, révèlent, « tant on conçoit peu que la littérature ne soit pas faite pour découvrir et communiquer le vrai » (Lanson, 323).

Depuis que cette jolie page a été écrite, que de pièces à thèse médicale le *théâtre* a vu éclore : *En paix* de Louis Bruyerre sur les aliénés et la loi qui régit leur internement, *L'Evasion* et *Les Remplaçantes* de Brieux sur l'hérédité et sur l'allaitement maternel et les dangers de l'allaitement mercenaire (plus récemment les *Avariés*), la *Nouvelle Idole* de Curel sur l'inoculation du cancer et le droit à l'expérimentation mortelle sur l'homme...

« Dans le roman, l'analyse psychologique la plus minutieuse, les influences physiologiques devront être mises en œuvre à chaque instant pour nous expliquer les actions des personnages. Au théâtre, il n'en devra pas être autrement. Les acteurs devront nous expli-

---

damnation les littérateurs qui font de la Biologie (et qui, à mon sens, ont tort) et les littérateurs qui font de la psychologie (ce qui me paraît permis, ou en tout cas, ce que je ne me sens pas la compétence de condamner).

quer leurs actes par des suggestions [1], des idées fixes [2], des influences héréditaires [3], ou des maladies de la volonté [4] » (Fonsegrive, 553).

Jusqu'au conte, qui, chez Guy de Maupassant, « est devenu réaliste » (Jules Lemaître, C).

La *poésie* elle-même n'a pas échappé à cette prise de possession par l'esprit scientifique.

« Toute une école de poètes a soutenu qu'un poète ne doit être qu'un traducteur passif des impressions qu'il éprouve en face des événements déterminés de la nature. Poètes et romanciers, tous ne veulent qu'éveiller dans l'esprit du lecteur les mêmes sensations, les mêmes impressions qu'ils ont ressenties eux-mêmes à la vue de l'objet qu'ils décrivent ou de l'événement qu'ils racontent. Aussi leur poésie est-elle surtout objective. Décrire l'objet, faire naître par le jeu des mots et le cliquetis des métaphores les images visuelles, sonores, tactiles, odorantes, sapides que produirait l'objet même, voilà leur but, et il faut avouer que souvent ils l'atteignent avec un bonheur surprenant. L'âme du poète est un écho sonore qui répercute les bruits des choses extérieures, mais qui ne s'y mêle pas. S'il y a une idée sous la sensation, c'est au lecteur, au spectateur à la retrouver : l'artiste a rempli son rôle, il a été un miroir fidèle et complet de la nature » (Fonsegrive, 552).

Dans sa remarquable et déjà ancienne Étude sur Leconte de Lisle, Paul Bourget a très bien montré (339) combien cette « question des rapports de la science et de la poésie se trouve étroitement liée à celle de l'art moderne... Plusieurs excellents esprits

---

1. J. Claretie, *Jean Mornas*.
2. Bourget, *Crime d'amour, Cruelle énigme, André Cornelis*.
3. Zola, *Renée, La famille des Rougon*.
4. A. Daudet, *Sapho*.

ont jugé qu'il était possible de donner une expression rythmique aux vérités les plus exactes. Ils ont invoqué l'exemple des grands poètes grecs et, parmi les latins, de Lucrèce. De nos jours, M. Sully Prudhomme, à plusieurs reprises, s'est attaqué au poème scientifique. Son plus considérable ouvrage, *La justice*, est une tentative de cet ordre ».

En dehors de ce poème scientifique, Sully Prudhomme a, dans d'autres œuvres, des vers scientifiques de vraies définitions, comme celle du baromètre (*Le Zénith*) :

> ... l'échelle où se mesure
> L'audace du voyage au déclin du mercure

Ou celle de l'atome (Lucrèce, *De la nature des choses*) :

> ... l'atome insécable est justement pour nous
> Cet extrême d'un corps qui n'est plus perceptible.

A ces vers, d'ailleurs exceptionnels dans l'œuvre du poète, on peut en joindre d'autres comme ceux dans lesquels il ne veut, dans les fleurs, voir (*La révolte des fleurs*)

> ... que le nécessaire,
> Les étamines, le pistil.
> Une corolle ! pourquoi faire[1] ?

L'*art* tout entier a à se défendre contre cette invasion de la Biologie et une école se laisse envahir.

« En art, l'esthétique a conquis un idéal nouveau, à rôle imaginatif moindre : la fidèle et scientifique représentation des choses vues » (Foveau de Courmelles, 2).

A cette question de Fouillée (B, LIX) : « démontrerez-vous *more geometrico* que la Vénus de Milo est

---

1. Nous verrons plus loin la réponse biologique de Darwin et des naturalistes à cette question du poète.

belle? » Fonsegrive (549) répond qu'un certain groupe d'artistes se met « à l'école du déterminisme géométrique... pour expliquer la beauté des lignes de la sculpture ou du dessin [1] ».

Et le même auteur montre plus loin (553) que, dans cette école, « toutes les mollesses du pinceau, toutes les subtilités de la langue, toutes les ciselures de l'expression, tous les procédés les plus raffinés de l'art ne devront servir qu'à reproduire avec une vérité plus grande la valeur des tons, la délicatesse infinie des teintes. L'artiste n'est plus une âme, mais une *organisation*, c'est-à-dire un système de sens. Il ne doit pas être ému, mais rester calme et froid en face des choses extérieures. Ce sont les choses mêmes qui doivent exciter l'émotion, et non ce que l'artiste leur peut ajouter : *Sunt lacrymæ rerum.* »

Voilà tout un ensemble de bons esprits qui veulent faire rentrer la littérature, le roman, le théâtre, la poésie, l'art entier dans la Biologie [2] : l'entière esthétique ne serait plus qu'un chapitre de Biologie appliquée.

2. Certes, il ne faudrait pas tomber dans l'extrême opposé et nier les services que la Biologie peut rendre aux littérateurs et aux artistes.

On ne peut plus dire aujourd'hui « qu'il y a un antagonisme irréductible entre l'instinct de vérité d'où émane la science et l'instinct de beauté, source première de la poésie » et considérer « ces deux pouvoirs

---

1. Newton n'a-t-il pas dit que « la musique est de l'arithmétique sonore » et Leibniz que « la musique est un calcul secret que l'âme fait à notre insu ? » (cit. Dr Foveau de Courmelles, 185).

2. Voir l'Évolution médicale en France au xixe siècle. Discours d'ouverture du Ve Congrès français de médecine (Lille, 1899), 29 et pages suiv.

comme si radicalement opposés que le développement de l'un entraîne toujours le dépérissement de l'autre, et chez les individus et chez les peuples » (Bourget, 339).

Le littérateur, quel qu'il soit, doit se documenter. Le vrai est la source du beau. On ne donnerait plus, à ce point de vue, aux artistes d'aujourd'hui les licences données à leurs prédécesseurs.

« Quand Shakespeare évoquait la Rome de l'antiquité, il en ignorait presque tout... Cette fantaisie serait chez l'artiste moderne le plus condamnable manque de conscience » (Bourget, 367).

Le romantisme, dans la première moitié du xixe siècle, ne connaissait que la science de Buffon et plaisantait Darwin [1].

« La science de Buffon... pendant plus d'un demi-siècle, a été la science même de la nature... Chateaubriand, Lamartine, Victor Hugo n'en ont pas connu d'autres » (Brunetière, D, 163).

Victor Hugo « n'aime pas ceux qui ont des idées... Le mouvement scientifique lui est inconnu » (Faguet, B, 181).

« Il faut bien le dire, jamais poètes au monde, pas même Racine ou Boileau, ne s'étaient montrés moins curieux, plus insouciants de tout ce qui n'était pas leur art — de mécanique ou d'astronomie, de physique ou de chimie, d'histoire naturelle ou de physiologie, d'histoire et de philosophie — que les Lamartine, les Hugo, les Musset, les Dumas, les Gautier » (Brunetière, E, 449).

Bien plus récemment, pour Paul Verlaine (Jules Lemaître, B, 111),

...Le seul savant, c'est encore Moïse.

1. Voir Georges Pellissier, 268.

C'est contre cette ignorance dédaigneuse de la Biologie que, vers le milieu du XIXe siècle, à l'époque de Claude Bernard, les faits prirent « leur revanche » et « le réalisme triomphant du romantisme » fut « le triomphe de la science sur l'imagination et le sentiment » (Pellissier, 260).

Donc, n'exagérons rien.

La constatation de l'ignorance scientifique chez les grands artistes de lettres que nous venons de nommer, permet bien déjà de conclure à la possibilité de la séparation de la Biologie et de l'esthétique.

Mais il ne serait pas scientifique d'en induire qu'il y a opposition et contradiction entre les deux. Concluons simplement pour le moment que l'esthétique n'est pas la Biologie et essayons d'analyser maintenant en quoi elles diffèrent et quelles sont par suite les limites de la Biologie de ce côté.

3. L'entière doctrine sur ce point difficile et grave me paraît pouvoir être résumée ainsi : le vrai est la source du beau ; mais la science étudie le vrai en lui et pour lui, tandis que les lettres et les arts s'en servent pour évoquer la sensation du beau. Ce sont là deux buts bien différents.

De là, cette conséquence que, si l'artiste expose le vrai, il ne le démontre pas, il ne l'enseigne pas ; il l'utilise simplement.

Ainsi, comme dit Lanson, si un roman peut être vrai à la façon d'un tableau de Léonard ou de Rembrandt, il ne saurait l'être à la façon d'une démonstration de Laplace ou d'une expérience de Pasteur.

« La reproduction pure et simple des faits et des hommes n'est qu'un travail de greffier et de photographe », disait Alexandre Dumas dans la Préface du *Fils naturel* (Brunetière, B, 53).

Or, le littérateur ne fait pas un constat ou un procès-verbal, pas plus que le peintre ne fait une photographie.

« Il n'y a pas de grande peinture sans pensée, j'entends sans quelque chose qui dépasse l'imitation de la nature et de l'histoire et qui se les subordonne... L'imitation de la nature ne saurait être le terme de l'art de peindre et, pour admirer, selon le mot de Pascal, les imitations de choses dont nous n'admirons pas les originaux, il faut que la pensée de l'artiste ait démêlé en elles quelque chose de caché, d'intime et d'ultérieur, que n'y discernait pas le regard du vulgaire » (Brunetière, B, 63-66).

En d'autres termes, le savant dirige l'observation et l'expérimentation ; mais il en accepte et subit d'avance les résultats. Sa personnalité s'efface et n'apparaît en rien dans l'œuvre. Au contraire, la personnalité de l'artiste doit s'affirmer et transparaître dans son œuvre.

L'œuvre du savant est impersonnelle et en quelque sorte anonyme ; l'œuvre de l'artiste est signée et éminemment personnelle.

Le vrai est la matière du beau ; mais il n'en est que la matière : il faut, en plus, l'artiste pour en faire le beau, tandis que le vrai ne demande le savant que pour le constater, mais existe par lui-même, hors du savant et sans le savant.

Pour écrire les chefs-d'œuvre d'Alphonse Daudet ou de Paul Bourget, il ne suffit pas de transcrire les *Notes* « que M. Chincholle eut suffi à recueillir », ou les « chroniques d'Étincelle » et les renseignements « que le premier venu peut ramasser en une visite d'un quart d'heure chez le couturier ou le carrossier à la mode » ; de même qu'il ne suffit pas d'être monté sur une locomotive ou descendu dans une mine pour écrire *la Bête humaine* ou *Germinal*.

Zola demande « lui-même au romancier d'ajouter au

sens du réel l'expression personnelle », tandis que jamais savant n'a voulu donner une *expression person-nelle* des lois de la nature : le progrès de la science exclut de plus en plus de l'observation et de l'expérimentation toute influence possible et presque toute intervention du tempérament individuel (Lanson, 332, 348, 344).

« Des yeux de poète, dit Bourget (344), ouverts sur des hypothèses de science. » Voilà l'œuvre d'art; tandis qu'il suffit d'yeux clairvoyants et consciencieux pour constituer l'œuvre de science. En science, des yeux de poète seraient même inférieurs à des yeux simplement impartiaux.

Bourget, condamnant cette analyse, montre bien que dans « tous les poèmes fondés sur la science », « les portions poétiques de ces œuvres sont celles où l'auteur a exprimé, non pas ce qu'il croyait être la vérité, mais ses émotions, mais ses songes, l'afflux de ses visions et de ses désirs, en un mot son âme. C'est le mouvement seul de cette âme qui fait la beauté de ces vers ».

Les formules du savant « expliquent » les phénomènes, elles ne les « représentent » pas. « Or, cette représentation colorée et vivante des choses est précisément le caractère propre de l'esprit poétique. Son procédé habituel n'est pas la notation abstraite, c'est la vision évocatrice... »

Quand le poète « contemple une des lois découvertes par le savant », il « aperçoit derrière elle, et à l'état d'images, les faits que le savant a décomposés, puis réunis pour en dégager une sorte de résidu tout intellectuel ». Au lieu de dessiner, comme un savant pur, « seulement la ligne extérieure et la formule abstraite de ces faits qui sont les sensations, il évoque ces sensations elles-mêmes, il les éprouve, il les traduit avec leur saveur entière... Et justement M. Leconte de

Lisle a écrit la plupart de ses poèmes d'après cette méthode » (Bourget, 340-341).

Un autre point de vue se dégage immédiatement du précédent.

L'œuvre d'art, portant et gardant la marque de la personnalité de son auteur, « s'aheurte dès le début à la notion de la liberté humaine », tandis que la science est et reste déterministe « et ne peut pas ne pas l'être » (Lanson, 332), la personnalité libre n'intervenant en rien dans sa conception.

C'est ce caractère distinctif que l'art naturaliste a méconnu quand il est devenu impersonnel et *impassible*, l'impassibilité étant définie « non pas du tout par le manque de sensibilité, mais par le désintéressement le plus complet de tout ce qui n'est pas l'art ou la science. Le savant, dans son laboratoire, s'indigne-t-il contre les poisons qu'il manipule; et que lui importe la valeur économique ou morale des animaux qu'il dissèque? un fait n'est à ses yeux qu'un fait, il le constate et n'en juge point ».

Il faut donc dire que la véritable œuvre d'art a une moralité, tandis que la Biologie est amorale. L'artiste est responsable de son œuvre, le biologiste ne l'est pas.

Fonsegrive (550) a très bien développé cette pensée du rôle du libre arbitre dans la production de l'œuvre d'art.

Dans l'œuvre d'art, « ce qui est beau, c'est non pas l'œuvre elle-même, mais la liberté qui se montre en elle, l'âme qui se fait voir à travers »; ce qui est beau dans les systèmes de Spinoza ou de Leibniz, « c'est la puissance de pensée de leurs auteurs, la liberté et l'audace même de leurs conceptions ».

Cela est vrai même des artistes déterministes : « leur théorie ne peut rien sur leur art, ils sont libres et dans leur ardeur artistique ils agissent avec liberté ».

C'est l'indéterminisme qui fait l'intérêt d'un drame. « Tout l'intérêt de *Britannicus* n'est-il pas attaché aux incertitudes de Néron? N'est-ce pas par la décision libre de Néron que le sort de tous les acteurs sera fixé? Aussi Racine n'a-t-il fait Néron ni tout à fait vicieux, ni tout à fait vertueux. Il a un tempérament faible et porté au mal, il reçoit des conseils perfides; mais il a reçu de hautes leçons de morale, il est encore retenu par

> Sénèque, Rome entière et trois ans de vertus;

il est libre. Tout le dénouement d'*Athalie* n'est-il pas suspendu au libre arbitre d'Abner? Et dans *Renée*, n'est-ce pas l'influence balancée des deux hérédités qui fait l'intérêt du caractère de l'héroïne?... Est-ce que tout l'intérêt de *Cinna* n'est pas comme concentré dans le monologue d'Auguste? Cette éloquente délibération est le drame même, le drame sans décors, sans autre appareil extérieur que les beaux vers où s'exprime ce combat d'une conscience avec elle-même... Et le résultat de ce drame intérieur éclate dans ces vers où le libre arbitre s'affirme avec une force sublime et embrasse le monde dans son envergure :

> Je suis maître de moi comme de l'univers :
> Je le suis, je veux l'être...

La grâce elle-même, « en ce qu'elle a d'essentiel, manifeste un libre don et par conséquent une liberté. Qu'est-ce qu'un don qui n'est pas libre? Et en quoi mérite-t-il mon amour? Si la grâce lui manque, Vénus est encore la déesse puissante qu'a chantée Lucrèce; elle symbolise la loi féconde et génératrice des êtres [1],

---

1. Nous retrouverons un peu plus loin des auteurs pour lesquels la sexualité est le point de départ et surtout l'aboutissant de toutes les émotions esthétiques.

mais elle a perdu son charme et sa poésie, parce qu'elle a perdu sa vertu. C'est la Vénus Pandème et non la Vénus Uranie ».

L'art biologique n'aurait jamais ces caractères de personnalité, de libre arbitre, de moralité que doit présenter l'art vrai.

La littérature sous toutes ses formes et l'art en général sont donc bien distincts et bien séparés de la Biologie.

On peut même dire que la littérature et la Biologie diffèrent totalement par leur *objet* et par leur *méthode*.

Lanson l'a très bien dit (325) : « Il n'y a de science que du général et la science par conséquent exclut de sa considération tout ce qui est particulier, individuel partant le concret, le sensible, la vie enfin... mais, justement ces aspects particuliers, ces qualités individuelles des êtres et des choses, la vie dans la multiplicité insaisissable de ses formes dont chacune est unique et paraît une fois pour disparaître à jamais, tout cela, c'est ce que l'art [1] et la littérature imitent et s'efforcent de fixer dans leurs œuvres... Si bien que la littérature et l'art se servent de ce que la science rejette pour nous conduire à ce que la science n'atteint ni ne cherche. »

Les naturalistes réalisent « leurs intentions de savants » avec des « procédés de peintres ».

Et cela vient de ce que la vérité scientifique est la

---

1. Ce caractère d'individualisme n'empêche pas l'art d'universaliser, ou plutôt de chercher à s'approcher par l'abstraction de l'idée universelle du beau (voir Taine, *Philosophie de l'art*, et Halleux, 124 et suiv.). Voir aussi Victor Basch, *De l'universalité du jugement esthétique. IVe Congrès internat. de psychol.*, Paris, août 1900, 352.

vraie, l'authentique, tandis que la vérité artistique n'est vérité que « par métaphore »; c'est la vraisemblance, « la semblance ou image du vrai ».

« Un roman, un poème sont l'image de la vie; ils n'en sont pas la loi. »

Et le même critique donne justement cette dernière preuve de la différence qu'il y a entre la Biologie et les arts.

« On refait l'expérience d'un chimiste, la démonstration d'un mathématicien. On ne peut refaire l'observation d'un écrivain, qu'il se nomme Sophocle, Racine ou Bourget. On refera toujours autre chose. Grandet n'est pas Harpagon, pas plus que notre Phèdre n'est la Phèdre d'Euripide. La répétition exacte de ce que M. Zola appelle pompeusement une expérience n'est pas possible. »

4. Pour établir les limites qui séparent la Biologie de la littérature et des arts, nous avons, dans les paragraphes précédents, étudié et discuté les théories des artistes voulant pénétrer dans la Biologie et inféoder l'œuvre d'art à l'œuvre biologique.

Il nous faut maintenant discuter les théories des biologistes qui, en partant de l'extrémité opposée, veulent aboutir au même résultat : la fusion de la Biologie et des arts.

Une première incarnation, complète et bien moderne de cette doctrine se trouve dans le livre de Sergi qui a voulu appliquer à l'émotion esthétique sa théorie générale des émotions, que nous avons déjà étudiée plus haut.

Nous avons vu que les émotions simples sont des phénomènes physiologiques liés à la protection et à la défense de l'organisme. Les émotions esthétiques dépassent ce but, mais restent des phénomènes physiologiques, qui utilisent « une quantité d'énergie exubérante, comme un luxe d'activité », pour « des usages n'ayant pas trait à la vie psychologique ».

A l'origine, ces émotions sont simples et rentrent dans la vie de défense et de protection. Mais ensuite le plaisir provoqué par ces émotions est devenu tel que nous les recherchons en elles-mêmes et pour le seul plaisir, sans plus nous préoccuper de la défense et de la protection de notre organisme.

Telle est l'idée de symétrie que nous puisons dans l'organisme même, dans toute l'architecture humaine et animale; telle l'idée des mouvements rythmés, danse par exemple : « les origines de la danse ne viennent pas d'émotions esthétiques, mais paraissent être dans une expression naturelle primitive d'émotions diverses et violentes qui se rapportent à l'origine à la conservation et à la protection commune du groupe (328) ». De là, on passe à la musique : « c'est ainsi que nous pouvons résoudre le mystère de l'effet musical, non par son intellectualité, mais simplement par l'émotion sensuelle envahissant tout le domaine de la vie au moyen de modifications des fonctions organiques » (354). Puis c'est la poésie, art représentatif, spécialement du caractère humain (365). Enfin les arts visuels, qui ont pour base la sensation agréable (385) « de mouvements oculaires accomplis sans effort et sans fatigue et appropriés à la nature et à la structure anatomique de l'œil lui-même[1] » (328).

Puis toutes les émotions simples ont été recherchées pour elles-mêmes, comme jeu, en dehors de leur but utile, pour le plaisir seul qu'elles donnent : c'est alors et ainsi qu'elles deviennent esthétiques.

---

1. Sur le rôle de l'élément moteur dans la perception esthétique voir les communications et le questionnaire de miss Paget (Vernon Lee) et miss Ansthurher Thomson au *IVe Congrès internat. de psychol.*, à Paris (août 1900), 468 à 477.

Ainsi « l'origine esthétique de la danse se trouve dans les danses mêmes qui ont eu des buts utiles, réels ou fictifs, par ce que ces mouvements sans rythme apparent sont automatiquement devenus rythmiques et par ce qu'ils ont produit par leur excitation des plaisirs étrangers au but pour lequel ils étaient d'abord exécutés ».

Et Sergi retrouve ainsi aux sensations esthétiques le caractère que Spencer avait proclamé (développant ainsi une pensée de Schiller) : l'absence d'utilité. A Guyau prétendant que la vie, la réalité sont le vrai but de l'art, il répond avec Spencer : « rechercher un but qui serve à la vie, comme le bon ou l'utile, c'est nécessairement perdre de vue son caractère esthétique » (299).

La doctrine de Spencer et celle de Guyau ne me paraissent nullement inconciliables : un objet peut parfaitement être utile et beau; seulement il ne peut pas être simultanément envisagé par le même sujet sous ces deux points de vue; il ne peut pas, au même moment, occuper la conscience du sujet, comme objet beau et comme objet utile[1].

Je crois que ceci peut être reconnu par tout le monde mais ce que je veux surtout retenir de cette discussion c'est l'obligation où se trouve Sergi de reconnaître que l'émotion esthétique est essentiellement constituée par autre chose que par la sensation de l'utile : « dans le sentiment esthétique, dit-il textuellement (305), il doit y avoir absence d'utilité dans le sens le plus étendu de ce mot; là où l'utile intervient, l'esthétique disparaît avec le beau ».

Or, tous les phénomènes biologiques sont utiles, ils

---

1. « La Beauté est la transformation complète de l'utile que l'on ne voit plus, que l'on ne perçoit plus, et dont on ne saisit que l'émotion produite », dit Foveau de Courmelles (178) et il ajoute ce mot de Maurice Griveau : le Beau est « le point de perfection d'une utilité qui cesse de se manifester au dehors ».

ont tous une utilité pour la vie, ils correspondent à une fonction de notre organisme vivant. Donc, l'émotion esthétique n'est pas un simple phénomène physiologique, puisqu'elle n'a pas d'utilité pour la vie.

Nous retrouvons donc ici, et avec plus de force et de raisons encore que plus haut (p. 65) la notion dans l'émotion esthétique d'un élément psychologique, distinct de l'élément biologique, élément psychologique qui est capital, qui constitue le fond même de l'émotion esthétique.

Ceci suffit pour renverser la théorie de Sergi et marquer une limite entre la Biologie et l'esthétique.

5. Dans un curieux et intéressant article, Remy de Gourmont (B, 299) développe une théorie, qui par certains côtés se rapproche de celle de Sergi.

Il ramène « l'idée de beauté à l'idée même de sexualité ; c'est ceci, que toutes les émotions humaines, quels que soient leur ordre, leur nature et leur intensité, retentissent plus ou moins sur le réseau nerveux génital... Le seul but naturel de l'homme est la reproduction... La conscience de l'émotion s'élabore au moment où l'émotion y passe ; mais elle ne fait que passer en laissant son image, et elle descend dans les reins ».

C'est donc une théorie physiologique de l'émotion esthétique, comme celle de Sergi. On peut même dire qu'elle se tient mieux, parce qu'elle redonne à cette émotion le caractère d'utilité pour la vie, qui appartient à tous les phénomènes purement biologiques.

Seulement, en fin psychologue qu'il est, Remy de Gourmont reconnaît vite que cet aboutissant sexuel de l'émotion esthétique n'est pas constant et nécessaire. Il y a des émotions qui *s'arrêtent en route* et ne dépassent pas la conscience.

« On a vu des hommes auxquels l'odeur des pommes

pourries donne des émotions fortes et nécessairement sexuelles. Schiller en avait toujours une provision dans le tiroir de sa table de travail; mais comme il possédait un passage réfractaire où se brisaient, en grande partie, les courants émotionnels, il faisait des vers, au lieu de faire l'amour, ayant respiré des pommes pourries. Voici donc toute une classe d'hommes chez lesquels les émotions arrêtées à moitié chemin se transforment en intelligence, en goût esthétique... »

Je n'en demande pas davantage. Si, chez certains hommes, l'émotion esthétique s'arrête « à moitié chemin » et leur fait faire de l'art, au lieu de leur faire faire l'amour, c'est qu'il y a dans cette émotion un élément psychologique propre, que la Biologie ne peut pas étudier.

Et c'est là tout ce que je cherche à démontrer dans ce chapitre, à la fois contre les littérateurs et les artistes qui veulent faire abdiquer l'esthétique devant la Biologie et contre les biologistes qui veulent faire envahir l'esthétique par la Biologie.

6. Une autre forme de *théorie biologique* du beau a été récemment développée : le point de départ est dans les observations patientes et accumulées de Darwin et des autres naturalistes contemporains (Lubbock, Forel).

Dès le début, Bray (380) proclame qu'il n'a aucune confiance dans l'observation interne « en matière d'esthétique », et que par suite, dans son analyse expérimentale, il aura « exclusivement recours à l'observation *externe* ».

Il passe en revue « les principales productions naturelles dont tout le monde est d'accord pour proclamer la beauté », telles que les couleurs des fleurs et des animaux, et il recherche « la signification de cette beauté, non pas au point de vue *humain* de l'impression qu'elle peut faire sur *nous*, ou des qualités abstraites que *nous* croyons, à tort ou à bon droit, démêler en elles; mais en demandant aux sciences mêmes dont ces productions sont l'objet, de nous faire connaître sa raison d'être ou, ce qui revient au même, le mécanisme de son apparition ».

Il montre alors, avec Errera et Gevaert, que la « beauté des fleurs », leur « coloris brillant », leurs « odeurs pénétrantes » ne s'expliquent que par les avantages créés ainsi au « croisement et aux visites des insectes ». A la question que nous avons vue plus haut posée par Sully Prudhomme

Une corolle! pourquoi faire?

il répond : c'est « l'enseigne colorée » qui signale « aux auxiliaires aériens le festin qui les attend ». Et c'est ainsi que la corolle collabore avec les étamines et le pistil pour la reproduction de la plante.

Pour les animaux, multiples sont les explications des couleurs plus ou moins belles qu'ils présentent.

Chez les uns, les « particularités de forme et de coloration » sont « destinées à assurer la sécurité de l'animal » en lui permettant, grâce à ses couleurs ternes et sombres, « de se confondre avec les objets environnants et de passer inaperçu aux yeux de ses ennemis ».

D'autres, dans le même but de sécurité, emploient le procédé inverse : ils attirent l'attention sur eux, mais par une odeur repoussante ou « au moyen de couleurs, de dessins, d'appendices ou d'attitudes destinés à effrayer l'ennemi ».

D'autres, toujours pour se protéger, se tirent « d'affaire en payant d'audace » et empruntent « le vêtement tapageur des espèces bien protégées ». A côté de ce « mimétisme défensif », il y a aussi un « mimétisme de capture » : « certaines araignées exotiques ont pris l'aspect de fleurs ou d'excréments pour attirer les insectes [1] ».

Mais la grande raison d'être de la beauté chez les animaux, c'est la génération : chaque animal doit avoir des « ornements » pour « charmer l'autre sexe ». Et les oiseaux mâles, comme le paon, le faisan, étalent les belles couleurs de leurs plumes; d'autres, comme les coqs de bruyère, exécutent des « parades et danses d'amour » devant les femelles qui « se tiennent blotties sur les arbres d'alentour et surveillent le tournoi [2] »; d'autres, comme le rossignol, le canari, le pinson, attirent la femelle par la beauté de leur chant. Dans d'autres espèces c'est la femelle qui présente la beauté pour attirer le mâle : nous n'avons pas besoin d'aller bien loin pour en trouver la preuve expérimentale.

Donc, il y a la beauté de protection et la beauté de génération. Voilà, donnée par l'observation, « la signification de la beauté dans la nature, c'est-à-dire la raison d'être des caractères que nous admirons dans les choses ». C'est là « qu'il faut chercher l'origine des qualités de forme, de couleur, de dessin, qui constituent pour nous les éléments de la beauté des êtres... Ainsi l'observation fait justice à la fois et des puérilités de la conception anthropocentrique et des théories qui voudraient enlever au beau sa véritable dignité, en lui refusant tout lien direct avec les besoins fondamentaux de l'organisme » (408).

---

1. Cela rappelle un peu Bernardin de Saint-Pierre et les puces. J'avoue goûter assez peu ces explications *à tiroirs*, dont le nombre et les variétés sont tels que, quel que soit le cas, on trouve toujours une théorie favorable; mais chaque fois, si le cas était diamétralement inverse, on trouverait encore une explication aussi concluante : il suffit d'ouvrir un autre tiroir.

2. L'article entier de l'auteur est inspiré par la phobie de l'anthropocentrisme; on peut se demander s'il a aussi bien su éviter l'anthropomorphisme.

Je regrette de n'avoir sous les yeux qu'un extrait du livre de Lucien Bray; mais j'avoue que cet extrait n'entraîne chez moi aucune conviction et que sa théorie ne me paraît pas soutenable.

Il est entendu que les belles couleurs des fleurs ou des oiseaux ne sont pas faites pour charmer l'homme : ce n'est pas là le *but* de leur existence. Mais il ne s'ensuit nullement que dans l'appréciation du beau on ne puisse se servir que de l'observation externe : je persiste à croire au contraire que l'observation interne peut seule donner quelque chose, le beau étant un phénomène psychologique, de conscience.

Le végétal et l'animal ne sont pas plus faits pour nous charmer que pour nous nourrir. Mais l'appréciation de leur agrément à la vue et au goût n'en est pas moins une conséquence *humaine* de leur existence.

Les choses belles sont belles *pour nous*; leur utilité pour la plante ou l'animal n'a rien à voir dans l'affaire. Nous avons vu plus haut que Spencer proclame au contraire l'absence d'utilité comme un élément consécutif du beau : nous nous sommes expliqué sur ce point.

Il est tellement impossible de bannir l'élément subjectif de cette étude que Lucien Bray ne peut le faire lui-même, malgré tout son désir de rester objectif. Il parle constamment d'odeur repoussante, de couleur agréable, de chant mélodieux. Mais c'est repoussant, agréable, mélodieux *pour nous*. Quant à savoir ce que cela fait aux autres espèces animales, nous n'en savons absolument rien. Peut-être l'odeur de la mouffette charme-t-elle certains animaux, et la truie doit trouver le grognement du porc supérieur au chant du rossignol. C'est par hasard que nous nous trouvons avoir le même goût que la femelle du paon et la femelle du rossignol; mais il y a un bien plus grand nombre de femelles qui trouvent également beaux leurs mâles, jugés par nous fort laids.

Bray le reconnaît très bien : tous les animaux doivent présenter quelque attrait spécial pour charmer l'autre sexe; et cependant ils ne nous paraissent pas tous également beaux. Donc, beauté et utilité biologique ne sont ni synonymes ni parallèles. Pour le biologiste, le beau est ce qui distingue. Mais alors il faut supprimer le mot beau de notre langue; il est inutile; le mot « caractère distinctif » suffit.

Si vous voulez conserver le mot beau (et cela paraît indispensable, puisqu'il correspond à une idée très précise), il faut lui laisser son sens subjectif de phénomène psychologique.

D'ailleurs Lucien Bray le dit aussi (394) en parlant des « ornements » des animaux : « c'est uniquement *au point de vue humain* qu'il peut être question de leur valeur esthétique ».

Je regrette de ne pas pouvoir insister davantage sur cette argumentation. Mais il semble que j'en ai dit assez pour montrer que cette nouvelle et remarquable tentative ne réussira pas plus que les précédentes à faire rentrer l'esthétique dans la Biologie, à faire de l'esthétique un simple chapitre de la Biologie.

7. De tout ce qui précède il résulte, pour en revenir au point de départ de ce chapitre, que la littérature et les arts étant distincts de la Biologie, le littérateur et l'artiste peuvent se servir de la science, l'utiliser; mais ils doivent savoir *qu'ils ne font pas de la science* dans leurs œuvres; ils peuvent être personnellement des savants, mais ils ne font pas œuvres de savant quand ils font des œuvres d'art.

Ceci est important pour la littérature un peu, pour la science beaucoup.

Car la Biologie présentée par les littérateurs risque d'égarer bien des personnes que séduirait la supériorité de la forme.

Comme dit Lanson (32), la science « a été plus compromise qu'honorée par toutes ces contrefaçons littéraires, conséquences naturelles de la souveraineté qu'elle exerce sur le monde moderne ». Les littérateurs « se promènent à travers toutes les sciences : physiologie, pathologie, anatomie, biologie, chimie, histoire... S'ils s'adressent à l'Académie de médecine, à l'Académie des sciences ou à celle des inscriptions, on ne sait trop, ni quelle place précisément ceux qui les produisent comptent prendre dans la longue théorie des savants de tout ordre, si c'est plus près de M. Renan ou plus près de M. Charcot ;... on a des raisons de croire que la compagnie des médecins, surtout des aliénistes, leur agréerait. Pourtant cette indécision est grave : si la littérature est une science, il faut savoir quelle science elle est ; mais alors on s'aperçoit que si la littérature est une science, elle n'est plus qu'un nom, une étiquette... » N'est-ce pas « l'avilir que de la réduire à n'être plus par définition que ce que les ouvrages de M. Flammarion sont à l'astronomie ou *le Jeune Anacharsis* à l'archéologie? Le bel emploi pour la littérature que d'apprêter la science au goût des ignorants! J'ai bien peur pourtant que ce ne soit là qu'aboutissent, avec toutes leurs prétentions, les écrivains qui veulent faire de la science : que de gens, sans MM. Zola, Daudet, Claretie, Bourget et autres, n'auraient pas l'idée et ne sauraient parler du darwinisme et de l'évolutionnisme, de l'hérédité, de l'hypnotisme, de la responsabilité, de tous les grands problèmes enfin qu'agitent sérieusement l'histoire naturelle, la médecine et la philosophie! C'est ainsi qu'il y a cinquante ans, le bourgeois apprenait l'histoire de France dans le bon Dumas ».

Quand le naturaliste pense faire une expérience, comme Claude Bernard dans son laboratoire, il con fond le réel et l'idéal : « il prend une idée d'expérience pour une expérience faite. L'expérience de Claude Bernard tire sa valeur de ce qu'il la fait réellement et elle dément parfois son hypothèse. Celle de M. Zola se passe dans son esprit et soyez sûr qu'elle ne contredit jamais l'hypothèse. Faute d'avoir tenu quelque part en un coin de ce pauvre monde, un vrai Coupeau, une vivante Renée, comme l'a fait observer M. Brunetière, et de leur avoir fait subir en effet toutes les modifications physiologiques qu'il détaille, notre disciple de Claude Bernard n'est plus qu'un Jules Verne. Son Coupeau et sa Renée ont juste la valeur du canon monstrueux qui envoie un boulet de la terre à la lune ».

Toute cette juste argumentation de Lanson se termine admirablement par ce conseil : « que nos romanciers ne se croient pas des savants » et surtout qu'ils ne se croient pas chargés d'enseigner la science ; « qu'ils ne pontifient, ni ne professent ; ils n'ont ni dogmes ni lois à formuler ».

Et surtout que le public ne prenne jamais une œuvre d'art pour une œuvre de science et qu'il n'apprenne la Biologie ni au théâtre ni dans les romans.

Que le littérateur trouve dans une thèse biologique le thème d'un drame, d'un poème ou d'un roman. C'est parfait. Mais que l'auteur reste un littérateur et un artiste et ne se croie pas pour cela un professeur de science.

Ainsi, comme Balzac, Leconte de Lisle part de la thèse de l'unité des espèces de la nature; mais il n'y a là qu'un point de départ pour satisfaire sa faculté de vision évocatrice. Il comprend les animaux comme un naturaliste et les évoque comme un poète (Bourget, 347).

Que l'hypothèse de l'internement d'un homme sain d'esprit dans un asile d'aliénés fournisse à un littérateur le thème d'une pièce ou d'un roman très dramatiques : rien de mieux. Mais que le public n'y voie pas la preuve scientifique que les asiles sont peuplés de sages, victimes de la perfidie des médecins [1]; pas plus qu'il ne doit apprendre l'hérédité dans l'*Évasion*, ou croire à l'inoculabilité du cancer d'après la *Nouvelle Idole*.

Donc, je ne prétends certes pas que la documentation scientifique ne puisse être utile à l'artiste.

Elle ne lui est pas indispensable : car il y a eu de grands artistes, en lettres comme en beaux-arts, qui n'avaient pas cette documentation.

Je la reconnais cependant utile, surtout aujourd'hui.

Il n'y a donc pas « divorce » ni opposition entre la science et l'art; mais il y a séparation.

L'œuvre de l'artiste consiste précisément à franchir cette séparation, à passer « de la recherche documentaire à l'esthétique [2] ». C'est précisément là la limite que nous étudions, ou plutôt dont nous essayons d'établir l'existence, entre la Biologie d'un côté et de l'autre l'esthétique ou la littérature et les arts.

1. En janvier 1900, on jouait *En paix* au théâtre Antoine et Émile Faguet faisait un remarquable article dans le *Gaulois* contre les « chevaliers de la douche »; et, le même mois, les faits se multipliaient montrant le danger qu'il y a à laisser les aliénés en liberté. M. J. de Lunel était assassiné, dans le rapide, entre Laroche et Lyon, par un persécuté; et un jeune homme de vingt-deux ans décapitait sa mère d'un coup de rasoir... Ces faits mettent en garde contre les enseignements des littérateurs et justifient l'interview du Dr Paul Garnier (*Gaulois*, 12 janvier 1900) quand il disait, à propos de la pièce de Louis Bruyerre : « Ces choses ne se passent qu'au théâtre ».

2. Paul Bourget a très bien montré que franchir ce passage constitue la grande difficulté qu'ont comprise et résolue (souvent avec beaucoup de travail) « Flaubert comme Leconte de Lisle, Mérimée comme Tourgueniew », de Heredia...

Donc, de même que la peinture ne se ramène ni à l'optique, ni à la science physique des couleurs, de même que la musique ne peut pas s'identifier à l'acoustique et à la science physique des sens, de même la littérature ne peut pas s'identifier à l'anatomie et à la physiologie, à la Biologie.

Les arts et la littérature ne cherchent que le beau à travers le vrai. La Biologie ne cherche que le vrai pour le vrai : le vrai est sans beauté comme il est sans moralité.

Certes il faut du vrai et du bon pour faire du beau, comme il faut des couleurs, de l'encre ou des sons pour exprimer ce beau.

Mais ce serait nier l'existence même de la littérature et des arts que de vouloir les identifier à une science comme la Biologie.

La Biologie ignore le beau et le laid, comme elle ignore le bien et le mal.

Elle est anartistique comme elle est amorale.

Voilà donc encore une limite qui l'arrête, qu'elle ne peut pas dépasser : la limite qui la sépare de l'esthétique, science du beau, et de ses applications, littérature et arts.

VI

B. — Limites latérales de la Biologie (*fin*).

4. — L'HISTOIRE, LA SOCIOLOGIE ET LE DROIT
(SCIENCES SOCIALES)

Tout ce que nous venons de dire nous entraîne tout naturellement à trouver encore une nouvelle limite à la Biologie, à la séparer de l'*Histoire* et de la *Sociologie*, c'est-à-dire des *Sciences sociales* et de leur principale application, le *Droit*.

Depuis Auguste Comte [1], un des grands objectifs de la science contemporaine positive (et la science contemporaine positive, c'est la Biologie) est de vouloir englober l'histoire et aboutir à la sociologie qui devient le couronnement suprême de la science biologique.

C'est encore là un point de vue très séduisant.

1. De même que chaque animal est une fédération d'êtres vivants, de même les animaux s'associent et forment des fédérations supérieures, comme la famille et, chez l'homme, les groupements supérieurs des peuples et des nations.

1. Nous verrons cependant qu'Auguste Comte engage la sociologie à se défendre de l'usurpation de la Biologie.

L'histoire devient l'étude, dans le temps, de ces unités biologiques supérieures et la sociologie devient la science biologique générale de l'espèce humaine, considérée dans ses groupements sociaux plus ou moins élevés.

« Il s'agit donc, dit-on nettement (Bourdeau, VI), de souder la psychologie à la physiologie, l'histoire à l'histoire naturelle, et de constituer, sous le nom de sociologie, la science des sociétés humaines, la plus importante de toutes. »

Draper (IX) a nettement séparé et sommairement jugé les deux conceptions de l'histoire, l'ancienne et la biologique : « il existe deux manières d'écrire l'histoire, la manière artistique et la manière scientifique. La première part de cette supposition que les hommes font les événements... La seconde, au contraire, tient que les choses humaines sont un enchaînement dans lequel un fait sort nécessairement d'un fait et produit, non moins nécessairement, un autre fait... La première donne naissance à des compositions fort agréables, mais qui, par le fond, ne s'élèvent guère au-dessus du roman... » C'est la condamnation sans phrases et a *priori* de toute méthode historique qui veut tenir compte du libre arbitre, c'est-à-dire de l'observation intérieure au même titre que de l'autre.

Comte, Spencer, de Greef déclarent que « les lois sociales sont de la même nature que les lois physiques » (Palante, 14-22).

Mazel a caractérisé cette période de l'histoire de la sociologie, dans laquelle « le champ sociologique » est « devenu l'apanage des naturalistes » et dans laquelle on a vu, suivant l'expression de Taine, les sciences sociales se détacher « des spéculations métaphysiques pour se souder aux sciences naturelles » (Palante, 16).

On trouvera le développement, d'ailleurs remarquable, de cette doctrine dans le livre de Novicow (A).

Dès la première page, il pose en principe que « tout ce qui n'est pas basé sur les sciences naturelles est fondé sur du sable. Nous avons jugé nécessaire d'appuyer nos opinions sur des données de la chimie et de la biologie » (1, note).

Il montre l'association dans l'univers entier, à tous les degrés de l'échelle, depuis les atomes de la vie inorganique jusqu'aux sociétés beaucoup plus complexes des animaux (famille, troupeau, bande). « On ne peut fixer aucune limite à l'association » (50).

Entre toutes ces associations « la lutte est un phénomène universel. Elle s'opère entre les atomes et les molécules d'un corps, entre les corps célestes, entre les cellules d'un organisme et entre les différents membres d'une société » (18). « La lutte est tour à tour chimique, astronomique, biologique et sociale » (50).

Un autre phénomène biologique universel est l'adaptation au milieu, qui est la résultante de la lutte pour l'existence, « la survivance des plus aptes, c'est-à-dire des mieux adaptés à leur milieu » (31). « Le progrès n'est qu'une accélération de l'adaptation » (50).

Et ainsi c'est sur les lois et les faits biologiques que s'édifie la sociologie.

Aussi n'arrive-t-on pas « à préciser les limites de cette science (la sociologie) par rapport à la biologie » (10). « Le domaine de la sociologie commence à vrai dire en même temps que celui de la Biologie. Tant qu'on n'appliquera pas les mêmes méthodes dans les deux sciences, tant qu'on ne comprendra pas que les sociétés sont des organismes où il faut distinguer des fonctions, l'ancienne politique de l'empirisme sera inattaquable » (707).

« La science est une comme la nature. Il n'y a

aucune solution de continuité entre les domaines de la chimie, de la biologie... de la sociologie » (714).

Et enfin (745) : « Combien de temps faudra-t-il pour que la loi naturelle des luttes entre sociétés humaines, soit le fondement des relations internationales ? nul ne peut le prévoir. Mais ce qui est absolument certain, c'est que tôt ou tard il en sera ainsi ».

Goblot expose aussi et défend la théorie biologique de la sociologie.

« Pour plusieurs, dit-il (195), l'économie politique n'est pas une science morale, mais une science physique » ; et il cite le mot de Mac Leod : « il est maintenant généralement admis que l'économique est une science physique ».

Il rappelle ensuite les origines de cette doctrine (271).

« Auguste Comte avait conçu la sociologie comme distincte de la biologie, mais subordonnée à elle. » Les sociologues qui ont suivi ont rapproché davantage la Biologie et la sociologie et établi entre elles « une analogie comparable à la similitude des géomètres, si bien que la sociologie pourrait être édifiée par une simple transposition des divisions et même des lois de la biologie. H. Spencer a donné l'exemple des comparaisons biosociologiques ; Schaffle (*Bau und Leben des socialen Körpers*) les a amplement développées. On a discuté si la cellule du tissu social est l'individu ou la famille. On a voulu retrouver dans le superorganisme une enveloppe protectrice analogue aux téguments des animaux, des organes internes assimilables aux viscères, etc. G. de Greef compare quelque part la circulation de la monnaie à la circulation du sang ».

« La société, c'est l'homme utile à l'homme, ou, plus généralement, le vivant utile au vivant » (270). Il ne veut donc pas avec Auguste Comte et Herbert Spencer confondre le *fait social* avec le *fait collectif*. Quoique Durkheim considère « ce prétendu axiome » comme « le contrepied de la vérité », il admet avec H. Spencer qu' « une société, au sens scientifique du mot, n'existe que lorsque à la juxtaposition des individus s'ajoute la coopération » (Spencer, B, III, 331, Goblot, 218).

Mais il ne veut pas reconnaître ce caractère *humain* sur lequel nous verrons tout à l'heure Bouglé insister avec raison. Dans sa définition du fait social, il tient à généraliser aux sociétés animales et aux sociétés entre l'homme et les animaux.

Partant de ce principe que « la science étant le système des lois, il ne saurait y avoir deux sciences là où il n'y a qu'un système de lois », il conclut que la Biologie et la sociologie ayant des lois communes ne forment qu'une science, « sont des subdivisions d'une seule et même science » (278).

2. Cette conclusion me paraît erronée et je ne crois pas qu'on doive identifier la sociologie à la Biologie.

Si on ne voyait dans les expressions biologiques que des comparaisons ou des facilités de langage, il n'y aurait rien à dire. Ainsi quand on parle de faire « l'anatomie et la physiologie des sociétés », si on ne veut que présenter une image, c'est parfait; et cela n'a pas plus de portée que quand on parle de disséquer une âme.

Mais les comparaisons et les habitudes de langage deviennent à la longue dangereuses et il vaut mieux y renoncer.

« Il est temps, dit Fournière, de renoncer à la fâcheuse habitude d'appliquer aux faits et aux individus sociaux la terminologie des sciences naturelles. » Cela ne fait que prêter « une apparence scientifique aux constructions de l'esprit les plus fantaisistes ».

Seulement il y a un certain nombre d'esprits, et des plus distingués, pour lesquels il ne s'agit plus seulement de comparaisons et de terminologie; ils identifient réellement la sociologie et la Biologie; la première n'est plus qu'un chapitre de la seconde : les citations que nous venons de faire le prouvent bien.

Alors on tombe dans l'erreur, erreur identique à celle des savants qui veulent que la science entière de l'homme tienne dans la Biologie.

L'étude, dans le passé et dans le présent, d'une société, quelle qu'elle soit, doit être composée des mêmes éléments que l'étude particulière des individus qui composent cette société.

Ainsi l'histoire d'une espèce végétale ou d'une espèce animale, à travers le temps et dans ses groupements familiaux ou autres, appartient à l'étude biologique de cette espèce : la Biologie suffisant à connaître les individus suffira à faire connaître leurs associations.

Mais nous avons vu, dans les chapitres précédents, spécialement dans les chapitres III et IV, que pour l'homme il y a, en dehors de la Biologie, au moins une autre science, la psychologie, qui étudie d'autres éléments de l'homme, notamment le principe du libre arbitre et de la responsabilité.

Dès lors, les événements de l'histoire ne sont plus liés par un déterminisme biologique et la sociologie doit tenir aussi grand compte de la psychologie et de la morale que de la Biologie elle-même.

Nous avons vu Draper condamner d'avance toute méthode historique qui veut tenir compte du libre arbitre, mais c'est là une affirmation *a priori*, sans démonstration ; ce ne peut pas être considéré comme une proposition positive et scientifique.

Tarde, de son côté, a coupé « le cordon ombilical qui tenait la sociologie avec la biologie » (Espinas, 455) et dit avec raison : « les hommes ne sont pas des anthropoïdes et la sociologie ne doit pas être l'étude seule des facteurs géographiques ou physiologiques, mais encore celle des facteurs moraux, l'influence de la nature ou de l'hérédité sur une société étant en somme moindre que l'action des individus qui la composent ou des autres sociétés qui l'avoisinent ».

Si j'approuve et adopte ses conclusions, je ne goûte que médiocrement l'argument de Tarde quand, pour combattre les comparaisons et les théories biosociologiques, il dit : « Expliquer la sociologie par la biologie, c'est expliquer ce qui est manifeste par ce qui est obscur, c'est chercher à éclaircir le connu par l'inconnu, transformer un système solaire en nébuleuse non résoluble pour le mieux comprendre » (Goblot, 274).

Je trouve le jugement bien sévère pour la Biologie. En donnant semblable argument, on s'expose à recevoir la réponse suivante : « Les faits sociaux ne sont pas plus manifestes que les faits physiologiques » (275). Et on peut discuter ainsi longtemps, sans jamais s'entendre, sur la clarté relative des faits physiologiques et des faits sociologiques.

En réalité, il n'est nullement nécessaire de contester la valeur de nos connaissances en Biologie et en sociologie pour séparer et complètement distinguer les deux sciences. Il suffit de montrer que si elles ont des lois communes (Goblot), toutes leurs lois ne sont pas communes et cela suffit pour qu'il y ait deux systèmes de lois et par suite deux sciences.

La physique et la mathématique, la chimie et la Biologie ont bien des lois communes; mais. elles en ont aussi de différentes ; chacune de ces sciences a son système de lois distinct; donc ces sciences ne doivent pas être confondues en une seule; elles sont séparées et distinctes les unes des autres.

Il en est de même de la sociologie et de la Biologie.

Deux faits psychologiques principaux apparaissent nettement dans la sociologie et la distinguent de la Biologie : l'élément moral et l'élément intellectuel, c'est-à-dire la notion du libre arbitre et la notion du progrès.

L'élément moral a été nié par les auteurs comme Schopenhauer et Renan, pour qui « la société est comme la nature, indifférente à la moralité » (Palante, 14).

Nous avons vu dans notre chapitre III que la nature est déterministe, tandis que l'homme est libre et responsable ; la société humaine, composée d'êtres moraux, ne peut pas être indifférente à la moralité.

Je ne crois pas juste, dit Duclaux, l'opinion « soutenue et professée avec éclat » qui veut identifier la société humaine et les sociétés animales : « elle fait abstraction de la liberté, qui doit être le pivot de toute société humaine » (833).

« La question sociale, a très bien dit Brunetière, est une question morale... les questions sociales ne sont au fond que des questions morales ».

Je n'irai cependant pas jusqu'à identifier, avec de Roberty, la morale et la sociologie, mais je dirai avec Palante : « Les rapports entre la sociologie et la morale sont très étroits, puisque le problème social se manifeste à son point culminant sous la forme du problème moral le plus passionnant qui préoccupe la conscience contemporaine, celui des rapports de l'individu et de la collectivité ».

C'est à ce titre que Palante (20) condamne la méthode biologique appliquée à la sociologie par Schæffe, Spencer, Worms, et rappelle combien Nietzsche (Palante, 51) s'est élevé avec énergie contre la sociologie de Spencer, « ce mécanisme à l'anglaise qui fait de l'univers une machine stupide [1] ».

1. Voici le passage de Nietzsche, qui contient plutôt une série d'affirmations curieuses que des discussions et des arguments

Naville (76) a très bien compris et développé ce rôle, en sociologie, de l'élément liberté et moralité.

D'abord, pour l'individu, « le passé de la liberté se retrouve dans le présent de la nature », et ainsi se fait « la transformation du volontaire en spontané, résultat de l'habitude ». De plus, « dans la nature actuelle d'un individu adulte, il y a une part de sa liberté et une part de la liberté de ses ancêtres ; ainsi s'établit la solidarité morale qui relie les générations et qui donne à la responsabilité un caractère partiellement collectif ».

Cet élément de responsabilité se retrouve dans l'histoire. Herbert Spencer, qui professe le déterminisme absolu de l'évolution sociale, admet cependant qu'on peut en troubler le cours, le retarder ou l'altérer et alors « faire un mal incalculable » (Naville, 137), et Naville ajoute ce passage de Guizot (137) : « il

serrés : § 252 (202). « Ce n'est point une race philosophique ces Anglais. Bacon est proprement une *attaque* contre l'esprit philosophique en général ; Hobbes, Hume et Locke sont un abaissement et un amoindrissement pour près d'un siècle de l'idée de philosophe ; c'est *contre* Hume que s'éleva Kant et il passa outre ; c'est de Locke que Schelling *eut le droit* de dire : *Je méprise Locke* ; contre le brutal mécanisme de la conception anglaise furent d'accord Hegel et Schopenhauer (avec Gœthe), ces deux géniaux frères ennemis de la philosophie qui divergèrent vers les deux pôles opposés de l'esprit allemand et qui se méconnurent comme seuls des frères savent le faire... »

« § 253 (204) Il est des vérités qui sont le mieux reconnues par des cerveaux médiocres, parce qu'elles sont le plus conformes à leur capacité, il est des vérités qui ne possèdent de charme et d'attrait que pour les esprits médiocres : — on est poussé à cette conclusion, peut-être désagréable, depuis que des esprits d'Anglais, estimables mais médiocres — je nomme Darwin, John Stuart Mill et Herbert Spencer — commencent à exercer la prédominance dans les régions moyennes du goût européen... »

Ce cerveau supérieur d'Allemand paraît avoir assez médiocrement compris la philosophie anglaise ; quel que soit l'avis doctrinal que l'on adopte, cette philosophie mérite un jugement moins sommaire.

y a dans l'histoire des peuples deux séries de causes à
la fois essentiellement diverses et intimement unies,
les causes naturelles qui président au cours général
des événements et les causes libres qui viennent y
prendre place... les hommes sont dans l'histoire des
êtres actifs [1] et libres qui y produisent des résultats
et y exercent une influence dont ils sont responsables.
Les causes fatales et les causes libres, les lois déterminées des événements et des actes spontanés de la
liberté humaine, c'est là l'histoire tout entière ».

C'est l'éloquente indication de l'élément moral à
côté de l'élément déterministe dans l'histoire.

Cet élément libre arbitre n'imprègne pas seulement
l'histoire et la sociologie, mais aussi les applications
de ces sciences sociales et spécialement le droit.

« Une agglomération d'hommes, dit encore Naville
(130), ne devient une Société que par l'existence d'une
loi... Il y a des lois dans tous les ordres de phénomènes ; mais lorsqu'on passe de la nature à la société
le sens du mot change. Les lois de la nature sont
l'expression des faits, de l'ordre des événements. Les
lois sociales sont des ordres dans le sens d'un com-
mandement. Elles ne sont pas l'expression de ce qui
est, mais la prescription de ce qui doit être. Elles
s'adressent à des êtres capables d'obéir ou de résister
c'est-à-dire à des êtres doués d'un élément de libre
arbitre. La loi morale crée une obligation qui se
révèle à la conscience ; la loi sociale crée une obligation civile. L'obligation civile devient morale par le
lien qui réunit chaque individu à la communauté...
Si l'idée de la liberté est le postulat de la législation,
dans toute l'étendue de ce terme, elle est, d'une

---

1. L'historien « démontrera l'efficacité de l'action, en faisant
voir qu'à telle date, tel homme ou tel groupe d'hommes a,
par sa volonté, modifié l'histoire » (Lavisse, cit. Blum, 399).

manière encore plus apparente, le postulat de la législation pénale... Il est trois idées en effet qui sont intimement liées : liberté, responsabilité, culpabilité. » Et, comme conclusion : « l'organisation sociale suppose la liberté ».

Nous voilà loin de la formule citée plus haut qui pourrait être la devise des sociologues biologistes : « la société est, comme la nature, indifférente à la moralité ».

Je crois avoir démontré au contraire dans les sciences sociales (histoire et sociologie) et leurs applications (droit et législation), un principe de moralité, tiré du libre arbitre des individus qui composent la société humaine.

C'est là le premier et le plus important élément de différenciation entre la sociologie et la Biologie. J'en indiquerai rapidement un second.

Ce second élément qui sépare la sociologie de la Biologie, c'est l'élément psychique supérieur ou mental, celui qui a fait dire à Remy de Gourmont (88) : « puisque tout dans l'homme se ramène à l'intelligence tout dans l'histoire doit se ramener à la psychologie » ; et qui a inspiré cette définition de la sociologie « la science qui étudie la mentalité des unités rapprochées par la vie sociale » (Palante, 3).

Certes, il y a du psychisme dans les sociétés animales comme dans les individus qui les composent. Mais nous avons vu, au chapitre IV, combien et en quoi le psychisme de l'homme se différencie de celui des animaux.

Tandis que chez les animaux, même les plus élevés, on ne trouve qu'un psychisme inférieur, automatique, biologique, chez l'homme il y a, en plus, un psychisme supérieur, capable de spontanéité, de perfectionnement et de progrès.

De même, dans les sociétés humaines, il y a cet élément que l'on ne retrouve pas dans les sociétés animales : la perfectibilité, la possibilité du progrès, en quelque sorte indéfini [1].

On peut donc dire des sociétés animales et de la société humaine ce que Halleux dit des individus composants : « l'uniformité et la stabilité caractérisent donc la conduite de l'animal, le changement et le progrès celle de l'homme ».

Donc, la personnalité spéciale de l'homme individualise les sociétés humaines et oblige à séparer la sociologie de la Biologie.

Je ferai même remarquer que cette constatation n'exige pas la croyance au libre arbitre et au progrès.

Vous pouvez regarder le libre arbitre comme une illusion de notre conscience, vous pouvez nier que l'évolution de l'humanité constitue un progrès : peu importe. Vous ne pouvez pas nier qu'il y ait des changements, des évolutions, des révolutions, des actions et des réactions, des aspirations élevées... dans la société humaine, dont nous ne voyons scientifiquement aucune trace dans les sociétés animales.

Et par suite, quelle que soit la doctrine philosophique que l'on professe, on doit séparer la sociologie de la Biologie, sous peine de décapiter et même de supprimer entièrement la première de ces deux sciences.

C'est ce qui ressortira, je crois, avec plus d'évidence encore, après le paragraphe suivant.

3. Cette question des rapports entre la Biologie et la sociologie est tellement capitale pour l'existence et la constitution de cette dernière science, qu'elle se re-

---

1. Voir Nadaillac, in Halleux, 123.

trouve constamment sous la plume des sociologues qui forment aujourd'hui une brillante et très active école.

Je dois signaler ici avec quelque détail les récentes études de mon distingué collègue Bouglé (A) dont j'aime d'autant plus à citer l'opinion que nous différons totalement d'avis sur bien d'autres points.

« Le procès de la sociologie biologique est encore pendant », dit-il dès le début de son premier travail. C'est ce procès qu'il instruit.

Pour cela il met cette théorie « au pied du mur », en présence d'un problème particulier et si elle « ne répond à la question posée que par des formules vagues, incapables de s'appliquer aux faits sociaux sans porter à faux, l'organicisme (sociologie biologique) a tort et sa place est marquée au musée de l'histoire des sciences, entre les hypothèses inutiles et les métaphores dangereuses ».

Il choisit le problème des « castes », la question du régime à « hiérarchie solide » avec « différenciation profonde » et « sélection sévère », en face du « mouvement démocratique » actuel.

Et il montre que la solution biologique conduit à une « différenciation profonde », à une « hiérarchie stricte », au « régime des castes » ; ce qui serait, ajoute-t-il, « un renversement total de nos conceptions familières ».

Il poursuit très habilement son argumentation.

« D'ailleurs, qu'ils soient des hommes, en effet, animaux singuliers non pas seulement par leur complexité, mais par leur conscience, voilà le fait décisif, qui explique pourquoi la différenciation devait produire dans le monde social des effets tout autres que dans le monde organique, et pourquoi les catégories qui conviennent à celui-ci ne sauraient se transposer fidèlement à celui-là. »

Je souscris absolument à cette proposition. C'est bien là en effet le fait décisif qui répond à toutes les accusations d'anthropocentrisme qu'on pourrait formuler contre notre manière de voir.

Je continue à citer.

« Parce qu'ils sont des hommes, c'est-à-dire des êtres critiques, les éléments du corps social sont capables de raisonner sur le sort qui leur est fait par la différenciation et de travailler à limiter ou à rectifier ses effets s'ils les jugent injustes. Les cellules coopèrent aveuglement et se laissent sans crier asservir dans l'organe; mais les hommes sont capables de réfléchir sur leur coopération même, de comparer ce qu'ils donnent avec ce qu'ils reçoivent... »

En d'autres termes, les sociétés humaines ne sont pas des troupeaux. Les associations animales reçoivent leur chef de la nature ou de l'homme, tandis que les sociétés humaines, quand elles se laissent conduire, choisissent du moins leur berger, le discutent, le remplacent...

Bouglé montre ensuite très bien à quoi aboutirait en sociologie l'application de la loi biologiquement générale de la lutte pour la vie : la constitution, de plus en plus accentuée par l'hérédité, de castes plus fortes, s'arrogeant le « repas du lion ».

Et plus loin (350), il redit encore excellemment : « nous ne pouvons finalement oublier, comme le voudrait la sociologie biologique, que nos sociétés sont faites d'hommes; et que ce seul caractère, comme il change les conditions, est capable de modifier les fins et les conséquences de la lutte pour la vie ».

« Et d'abord, ce n'est pas seulement pour survivre animalement et, si l'on ose dire, bêtement, que les hommes font effort, mais pour bien vivre... Ce sont, en un mot, des organismes capables d'idéal et cet idéal pourra intervenir jusque dans la concurrence naturelle. »

Et il conclut : « la sociologie ne saurait être une biologie transposée ; elle sera une histoire analysée... »

Ces conclusions de Bouglé ont été bientôt combattues par Novicow et par Espinas.

Novicow (B) maintient les propositions que nous lui avons vu développer déjà et affirme encore que « les sociétés... sont des *êtres vivants* d'une nature particulière, mais obéissant cependant aux lois générales de la vie étudiées par la science appelée biologie ».

Certainement ce sont des êtres vivants, si l'on veut. Mais, quand il s'agit d'hommes, la nature en est tellement *particulière* que la Biologie ne suffit plus pour étudier sérieusement ces organismes humains.

La Biologie ne serait pas en tous cas la seule science à laquelle il faudrait inféoder la sociologie.

Novicow avait dit quelque part (C) : « la sociologie sera organiciste (biologique) ou elle ne sera pas ». Espinas intitule son travail « Être ou n'être pas ou du Postulat de la sociologie ».

Déjà, en 1872, cet auteur avait émis la pensée que le fait social doit être considéré dans sa généralité : « les sociétés animales doivent donc être comprises dans les recherches qui tendent à constituer la sociologie ». Il trouve, en 1881, dans le livre de Perrier sur les colonies animales, un appui à sa théorie et la développe dans ce nouveau mémoire de 1901.

« Il y a, dit-il (452), un intérêt de premier ordre à déterminer les rapports de la sociologie avec la biologie. »

Et pour résoudre la question, il oppose toujours comme une véritable antinomie, la séparation de la sociologie et de la Biologie d'une part et de l'autre la considération de la -société comme une « réalité solide, naturélle ». La question est précisément de savoir s'il y a opposition entre ces deux formules et s'il est vraiment impossible de les concilier et de les admettre simultanément.

La question est de savoir si l'organisme social, « réalité solide et naturelle », est ou non purement biologique. C'est toujours la grande question (que nous avons traitée au chapitre IV) de la séparation de l'homme et des autres êtres vivants : doit-on reconnaître *pour l'homme* des sciences distinctes de la Biologie, autres que la Biologie, commune à tous les êtres vivants?

A l'appui de sa manière de voir, Espinas cite (458) de Maistre : « les nations ont une âme générale et une véritable unité morale qui les constitue ce qu'elles sont... elles naissent et périssent comme les individus ». — Soit; mais de Maistre parle d'une unité *morale* et pas seulement d'une unité vivante ou biologique.

En définitive (474), Espinas reconnaît, avec Durkheim, dans les sociétés, un « règne nouveau » qui, comme chacun des autres règnes, nécessite seulement une subdivision particulière dans la Biologie, qui est générale.

Bouglé (B) a répondu en même temps à ces deux mémoires de Novicow et d'Espinas.

Il maintient sa thèse : « l'infécondité de la sociologie biologique ».

Ce qui prouve que « la sociologie biologique est stérile », c'est qu'elle conduit à des assertions comme celle d'Huxley (Bouglé, B, 122), qui qualifie de « risible au point de vue scientifique » la proposition suivante : « les hommes naissent libres et égaux en droits ».

Bouglé montre ensuite que ses deux adversaires, biologistes tous les deux, tirent du même point de départ des conséquences opposées : l'un est individualiste pur, pour l'autre l'individualisme est l'ennemi. L'un pose pour objectif l'intérêt, l'autre le sacrifice des éléments. Pour l'un, la patrie est la plus vivante des réalités, pour l'autre, pure convention...

L'argument ne me paraît pas péremptoire. Il n'est pas démontré qu'avec une même méthode bonne deux observateurs ne puissent pas arriver à des conclusions actuellement et *provisoirement* contradictoires. Et il n'est pas bien sûr que tous les sociologues non biologistes arrivent unanimement à des conclusions identiques.

Bouglé me paraît beaucoup plus fort, quand, prenant le raisonnement d'Espinas signalé plus haut sur la prétendue solidarité de deux assertions, il dit (136) : « il est aisé de distinguer (dans ce raisonnement) deux thèses : la thèse proprement sociologique, *les sociétés sont des réalités distinctes des individus*, et la thèse spécialement biologique, *la réalité des sociétés repose sur une base organique*. Or, ne peut-on admettre l'une sans l'autre ? » Espinas dit non; Bouglé dit oui et, à mon sens, a raison.

Bouglé montre enfin (143) que Durkheim et tous ses collaborateurs à l'*Année sociologique* ou dans la *Grande Encyclopédie* essaient, comme lui-même, de montrer qu'il faut « dessouder en quelque sorte la sociologie de la biologie », « sans la dissoudre pour autant dans la psychologie individuelle ». — « La sociologie est une psychologie », mais une psychologie de la collectivité, de la société. Son objet, c'est l'âme des foules, *Volkgeist*...

En tout cas, la sociologie reste une science à part, qu'il faut séparer de la Biologie.

4. Donc, pour conclure et résumer tout ce chapitre, l'histoire et la sociologie (sciences sociales) et leurs applications (le Droit) ne peuvent pas plus être inféodées à la Biologie qu'à toute autre science.

Ce sont des sciences distinctes, spéciales, qui empruntent leurs documents à diverses sources, à la Biologie des individus et des groupes, à la psychologie des individus et des groupes et aussi à l'évolution de la littérature et des arts.

Voilà donc une nouvelle limite à la Biologie : celle qui sépare cette science de la science de l'histoire et de la sociologie.

Toutes les sciences dont nous venons de séparer la Biologie sont des modes *expérimentaux* d'intellectualité et de connaissance.

C'est l'*expérience*, l'observation (extérieure ou intérieure) et l'*induction* qui sont à la base de chacune d'elles.

A cause de cela, nous avons appelé *inférieures* ou *latérales* ces limites de la Biologie.

Il y a maintenant d'autres modes intellectuels qu'il faut aussi séparer de la Biologie, mais qui ne sont plus basés, eux, sur l'expérience et sur l'idée universelle ou absolue et sur la déduction.

De ces sciences plus élevées la Biologie est séparée par des limites que l'on peut appeler *supérieures*.

VII

C. — Limites supérieures de la Biologie.

1. — LES MATHÉMATIQUES, LA GÉOMÉTRIE ET LA LOGIQUE
(SCIENCES DE L'ESPRIT)

En tête des sciences séparées de la Biologie par les limites que nous appelons supérieures, nous trouvons les mathématiques, la géométrie et la logique, l'ensemble de ce que l'on peut appeler les *sciences de l'esprit et de ses lois*, les *sciences abstraites* d'Herbert Spencer.

1. A première vue, il paraîtra étonnant à plusieurs que je me croie obligé de souligner la séparation qu'il y a entre les *mathématiques* et la Biologie.

Ce n'est pas si inutile que cela.

Car on a soutenu que les sciences mathématiques pouvaient, elles aussi, être ramenées à la Biologie, ou d'une manière plus générale aux sciences expérimentales.

On a voulu dire que *deux et deux font quatre* est la conclusion d'une expérience dans laquelle nous avons vu que deux objets mis à côté de deux autres objets font quatre objets. Si chacun n'est plus obligé d'acquérir personnellement cette notion, c'est parce que nos ancêtres ont accumulé ces constatations expérimentales et nous ont ainsi héréditairement légué ce principe, qui nous apparaît faussement comme une notion a *priori*, antérieure à l'observation.

C'est du positivisme que date la forme moderne de cette doctrine expérimentale ou biologique des mathématiques.

« Loin de dire avec Platon ou avec ses successeurs qu'il n'y a pas de science du phénomène, ou de ce qui passe, Comte pense au contraire que la science a pour unique objet la réalité phénoménale, en tant que soumise à des lois... les phénomènes géométriques et mécaniques sont les plus simples de tous et les plus naturellement liés entre eux. La période où ils ont été étudiés par l'observation a donc pu être très courte, si courte même qu'il n'y a pas d'absurdité à soutenir qu'elle n'a jamais existé, et que, dans ce cas, la connaissance rationnelle n'a pas été précédée par la constatation empirique des faits. Mais la différence entre les mathématiques et les autres sciences n'en reste pas moins une différence de degré, non de nature. Les mathématiques ont une avance sur les autres sciences ; elles ne sont pas sur un autre terrain. En un mot, les mathématiques sont, comme toutes les autres, des sciences naturelles » (Lévy-Bruhl, 143).

Voilà la doctrine positiviste des mathématiques nettement posée : elles ne sont pas sur un autre terrain que les autres sciences naturelles, c'est-à-dire que les sciences expérimentales[1]. Quoiqu'on puisse, sans absurdité, soutenir que la phase expérimentale

---

1. Pour Auguste Comte, les mathématiques « ne sont plus que des sciences naturelles, différant des autres en ce que leur objet est plus général » (Milhaud, B, 39).

n'a jamais existé, cela ne prouve qu'une chose, c'est que cette période d'observation a été très courte. Et rien de plus.

Et Lévy-Bruhl continue (145) : « toute science a son origine dans un art correspondant. Les mathématiques sont nées de l'art de mesurer les grandeurs. Cet art serait bien rudimentaire si nous ne pratiquions que la mesure directe... Par suite, l'esprit humain a dû chercher à déterminer les grandeurs indirectement. Pour connaître les grandeurs qui ne comportent point une mesure directe, il faut évidemment les rattacher à d'autres qui soient susceptibles d'être déterminées immédiatement et d'après lesquelles on parvient à découvrir les premières, au moyen des relations qui existent entre les unes et les autres. Tel est l'objet précis de la science mathématique dans son ensemble ».

Quand la philosophie positive « sera universellement acceptée, l'idée qu'une science puisse être tout *a priori*, absolue et immuable, aura disparu des esprits. Précisément parce qu'elles sont le type le plus parfait d'une science positive, les mathématiques ne prétendront plus à ces caractères, et leurs liens séculaires avec la métaphysique seront définitivement rompus » (162).

Littré est encore plus nettement catégorique : « *un et un font deux* est un fait d'observation et le point de départ de la plus longue et de la plus belle déduction qu'il ait été donné à l'homme de parcourir » (Liard, B, 71).

Mais alors, devenant expérimentales, dans la conception positiviste, les mathématiques cessent d'être universelles, absolues et immuables.

Comte ne recule pas devant cette conséquence de sa doctrine.

« Dernière conséquence enfin où aboutit cette

théorie : fondés sur l'expérience, le principe des lois et le principe des conditions d'existence ne garantissent qu'un ordre provisoire. Comte admet fort bien qu'il puisse ne pas exister... Rien n'empêche d'imaginer, hors de notre système solaire, des mondes toujours livrés à une agitation inorganique, entièrement désordonnée... » (Lévy-Bruhl, 112).

Stuart Mill a développé la même manière de voir.

D'abord il combat la nécessité des variétés mathématiques : « je crois que le caractère de nécessité assigné aux vérités des mathématiques, et même la certitude particulière qu'on leur attribue sont une illusion... » (Milhaud, A, 51).

Puis il montre d'un côté l'origine expérimentale de *deux et deux font quatre* et la possibilité de *deux et deux font cinq* dans un autre monde.

« Il est très aisé de voir pourquoi dans le monde nous sommes tout à fait certains que deux et deux font quatre. Il n'y a probablement pas un moment dans la vie où nous n'en fassions l'expérience. Nous le voyons toutes les fois que nous comptons quatre livres, quatre tables, quatre chaises, quatre hommes dans la rue, ou les quatre coins d'un pavé, et nous en sommes plus sûrs que nous ne le sommes de voir le soleil se lever demain, par ce que notre expérience de ce sujet s'applique à une quantité inconcevable de cas » (Milhaud, A, 22).

D'autre part, dit encore Stuart Mill, « considérez le cas que voici : il y a un monde où toutes les fois que deux couples de choses sont placées à proximité l'une de l'autre ou examinées ensemble, une cinquième chose est immédiatement créée et amenée dans l'examen de l'esprit au moment où il unit deux à deux... Eh bien! dans ce monde assurément deux et deux feraient cinq, c'est-à-dire que le résultat auquel arriverait l'esprit en considérant deux fois deux serait de compter cinq. On voit par là qu'il n'est pas inconcevable que deux et deux puissent faire cinq... »

De même Beddoes (Liard, A, 27) : « les sciences mathématiques sont des sciences d'expérience et d'observation, uniquement fondées sur l'induction des faits particuliers, de même que l'astronomie, la mécanique, l'optique et la chimie ».

Et Foveau de Courmelles : « les mathématiques reposent sur certaines données sensorielles... les mathématiques pures, même simplement spéculatives, ne reposent pas sur l'absolu » (21-30).

Voilà, complète et logiquement poussée à ses légitimes conséquences, la doctrine positiviste ou biologique des mathématiques.

Il me semble que l'énoncé même de ces conséquences logiques facilite singulièrement la réfutation de la doctrine qui les produit.

Le raisonnement paraît inacceptable pour établir qu'on peut concevoir un monde où deux et deux feraient cinq. S'il y a à chaque fois création d'un cinquième objet, comme le suppose Stuart Mill, cela n'empêche pas que, même dans le monde supposé, deux et deux feraient encore quatre, puisque, pour faire cinq, il y aurait création d'une unité de plus.

Il est donc permis de maintenir l'ancienne formule : on conçoit facilement un monde, voire même une planète où la Biologie et la science expérimentale seraient entièrement différentes de ce qu'elles nous apparaissent sur la terre, tandis qu'on ne peut pas concevoir la possibilité d'un monde où les sciences mathématiques seraient autres qu'elles ne sont.

Les lois de la Biologie ont pu changer avec les époques ; les lois mathématiques sont éternelles, dans le passé et dans l'avenir.

Ce n'est faire ni anthropocentrisme ni géocentrisme

que de dire que *deux et deux font quatre* a été, est et sera toujours vrai dans tous les siècles et dans tous les mondes.

Goblot (20) développe très bien cette pensée et cite avec raison cette phrase d'Ampère : « telle que l'ont conçue les Euler, les Lagrange, les Laplace, etc., la mécanique donne des lois, comme l'arithmologie et la géométrie, à *tous les mondes possibles* ».

En réalité donc, les mathématiques n'ont rien à voir avec l'expérience et l'induction, comme points de départ. Elles sont le développement, par déduction, du principe d'identité et de contradiction, qui est « le nerf caché de tous les raisonnements déductifs et mathématiques » (Liard, B, 48).

On part de l'idée de nombre, on pose des définitions et on en déduit toutes les conséquences par le seul raisonnement.

La meilleure des preuves que ces idées et cette science sont antérieures et supérieures à toute expérience, c'est qu'elles ont un caractère d'éternité, d'universalité et d'absolu que jamais n'atteindront les vérités contingentes et seulement générales que permet d'acquérir l'expérience.

« Beaucoup, dit Ribot [1], sont tombés dans cette étrange illusion de croire qu'en manipulant l'expérience par le travail d'une abstraction toujours croissante, on peut en faire sortir l'absolu. »

Comte et Stuart Mill, en supprimant le caractère

---

1. Th. Ribot, A, 228. Tout le livre de Ribot est absolument remarquable pour ce qui concerne les idées *générales* et tant qu'il élimine les questions métaphysiques de son sujet (comme il le fait à la page 254). Il devient plus discutable quand il parle de *l'Universalisation* de certaines idées (207 à 212). Nous retrouverons cette question dans le chapitre suivant relatif à la *Métaphysique*.

absolu, nécessaire et universel des mathématiques, suppriment les mathématiques elles-mêmes. Le bon sens se refuse à admettre des mathématiques contingentes, relatives et variables.

L'expérience est si peu le point de départ des mathématiques que, si cette expérience se trouve un jour en contradiction avec les mathématiques, nous n'hésitons pas à dire que c'est l'expérience qui a tort; nous refaisons et varions l'observation et ce sont toujours les mathématiques qui ont le dernier mot.

Il y a des sciences qui appliquent plus particulièrement les mathématiques et qui y joignent un élément expérimental : la mécanique, l'astronomie, la physique, par exemple. Eh bien! même dans ces sciences, l'élément mathématique rationnel a une existence tellement indépendante que si une contradiction apparaît avec l'élément expérimental, il n'y a pas conflit, l'élément mathématique n'en subit aucune atteinte, il n'est même pas discuté et l'élément expérimental est immédiatement déclaré inexact et doit être revisé.

Comme dit très bien Milhaud (A, 107), « si par exemple la prédiction d'un phénomène astronomique, à laquelle conduirait la mécanique céleste, ne se trouve pas réalisée, on n'aura jamais envie d'en accuser la mécanique rationnelle... on se dira seulement quelque fait jusqu'ici inconnu, la présence dans le ciel de quelque corps céleste ignoré, par exemple, et dont il n'a pas été tenu compte dans les calculs, peut jouer un rôle dans le problème et changer toutes les conclusions. Nous ne doutons pas un seul instant que jamais aucun fait ne viendra infirmer les postulats de la mécanique rationnelle... »

L'expérience qui est tout dans l'établissement et l'évolution de la Biologie et des sciences expérimentales n'est rien en mathématiques : celles-ci ont pour objet le seul vrai, tandis que les premières étudient le *réel*. Or, ces deux termes ne sont ni identiques ni synonymes.

« Stuart Mill, dit très bien Goblot (15), impose aux définitions mathématiques une condition à laquelle elles ne sont nullement assujetties. Dans ces définitions, dit-il, il est sous-entendu que quelque chose, telle que le défini, existe réellement ou peut se trouver dans notre expérience. Cela n'est pas exact; on définit une asymptote, on définit des parallèles; or, notre expérience ne peut pas nous présenter des lignes indéfiniment prolongées. On définit des quantités négatives, imaginaires [1], infiniment grandes ou petites; or, toute quantité donnée dans l'expérience est positive, réelle et finie... Aucune définition mathématique n'est la définition d'une chose réelle [2]. »

Donc, tandis que les sciences biologiques et physicochimiques « ont pour objet les faits », les sciences mathématiques « sont indépendantes des faits et n'ont pas besoin, pour être *vraies*, que leurs objets soient réels ».

2. On peut refaire pour la *géométrie* une argumentation très analogue à celle que nous venons de faire pour les mathématiques.

Ici encore on a voulu trouver une origine expérimentale aux définitions et aux axiomes qui sont le point de départ de cette science.

Ainsi Paul Regnaud dit expressément : « les axiomes expriment en dernière analyse, comme les proposi-

---

1. « L'imaginaire $\sqrt{-1}$ n'a pas besoin d'un substratum effectif pour être utile, il suffit que ce signe facilite les transformations algébriques... » (Milhaud, B, 107).
2. Voir les chap. IV et V de Liard, B, et Milhaud, A, 7 et 10.

tions proprement dites, des faits expérimentaux... »
(75).

Et ailleurs (132, note) : « le fait que la ligne droite
est le plus court chemin d'un point à un autre est une
affirmation qui repose sur l'expérience et qu'on a
généralisée sous la forme d'une définition » et, « la
définition, quelle qu'en soit la forme, repose directement ou indirectement sur la perception et l'observation » (5).

C'est la doctrine d'Auguste Comte.

Dans les faits que l'on considère en géométrie, dit
Lévy-Bruhl (151) exposant cette doctrine, « il y a un
certain nombre de phénomènes primitifs qui, n'étant
établis par aucun raisonnement, ne peuvent être
fondés que sur l'observation et servent de base à
toutes les déductions géométriques. Cette part de
l'observation, quoique très petite, est indispensable,
parce qu'elle est initiale. Elle ne saurait jamais se
réduire à rien. Ainsi se trouvent écartées les discussions métaphysiques sur l'origine des définitions et
de l'espace géométrique ».

La géométrie est une « science de faits » (156); elle
« garde sa racine dans l'expérience ». Car « l'application de l'analyse mathématique ne peut jamais commencer une science quelconque ». Et plus loin (162) :
« Conforme en ceci encore à la définition positive de
la science », la géométrie et les sciences qui en décou-
lent « sont empiriques dans leur origine et elles restent relatives dans le cours de leur développement ».

Liard (A, 18) expose (pour la discuter ensuite) toute
la doctrine de cette « école fort nombreuse de philosophes et de géomètres », d'après laquelle les notions
géométriques « dérivent de l'expérience et de l'abstraction travaillant sur une matière expérimentale ».

Il cite Stuart Mill, pour lequel les définitions géométriques doivent être considérées « comme nos pre-

mières et nos plus évidentes généralisations relatives aux lignes et à toutes les figures telles qu'elles existent », et pour lequel les axiomes géométriques sont « des vérités expérimentales, des généralisations de l'observation » (Liard, B, 88).

De même, pour Houel (Fouillée, D, 38), « la géométrie est fondée sur la notion *expérimentale* de la solidité ou de l'invariabilité des figures, qui fait qu'on peut les déplacer sans les déformer ».

Il paraît assez aisé de réfuter cette doctrine qui donne une base expérimentale à la géométrie et qui par conséquent refuse d'admettre des limites entre elle et la Biologie.

Cette discussion peut être calquée sur celle du paragraphe précédent, relative aux mathématiques.

a. La géométrie est tout entière déduite de certains axiomes et de certaines définitions. Ces définitions et ces axiomes sont si peu d'origine expérimentale que nous n'avons jamais observé des objets répondant exactement à ces définitions et pouvant par suite leur servir de point de départ et de substratum.

L'homme, l'animal... existent tels que nous les décrivons, avec toutes les propriétés que nous leur décrivons, puisque nous ne décrivons que ce que nous observons en eux. Au contraire une vraie ligne droite, un vrai triangle, une vraie circonférence... répondant exactement à la définition géométrique n'ont jamais été réalisés, ni par suite observés par personne.

Goblot (14), Milhaud (B, 140), Liard (A, 98) ont bien nettement posé et développé cette pensée.

Donc, les définitions géométriques ne sont pas basées sur l'observation directe des objets qu'elles visent. Comme les définitions mathématiques, elles sont *vraies* sans répondre à des objets réels.

Il est curieux de voir Stuart Mill reconnaître la chose et dire (B, Blum, 141) : « il n'y a pas de choses réelles exactement conformes aux définitions géométriques ; il n'y a pas de points sans étendue, pas de lignes sans largeur, ni parfaitement droites, pas de cercles à rayons exactement égaux ni de carrés à angles parfaitement droits [1] ».

b. Ce que nous venons de dire des définitions géométriques peut être textuellement répété pour les théorèmes qu'on déduit de ces définitions et des axiomes.

« La somme des angles d'un triangle, dit Goblot (14), est égale à deux angles droits. Ceci n'a pas besoin d'être vérifié expérimentalement, et d'ailleurs ne peut l'être ; car l'expérience prouvera seulement que c'est vrai *sensiblement* ; mais le mathématicien veut dire que c'est vrai absolument. Ce serait encore vrai, quand même ce ne serait pas réel. Ce n'est peut-être pas réel... Mais il suffit qu'on puisse concevoir et définir le triangle pour que les propositions qu'on en démontre soient vraies. »

C'est l'esprit humain qui pose les définitions et les axiomes géométriques [2].

Sur ces notions initiales, l'esprit applique des raisonnements plus ou moins comparables au syllogisme (nous reviendrons sur ce point) et il construit ainsi la science entière sans le secours de l'observation et de l'expérience externes.

---

1. Il est vrai que, sans craindre la contradiction, Stuart Mill dit aussi, quelques lignes plus loin : « les points, les lignes, les cercles que chacun a dans l'esprit sont, il me semble, de simples copies des points, lignes, cercles et carrés qu'il a connus par l'expérience » ; « on ne voit plus du tout la suite des idées, dit très justement Blum (142)... Toute la théorie débute par une contradiction ».

2. Voir Milhaud, B, 139.

c. Une fois cette science créée et développée, on l'applique aux objets réels et, d'une manière générale, on peut dire que ces applications vérifient expérimentalement ces notions.

Mais cependant ces notions sont tellement supérieures à cette expérience que si une application particulière ou un fait observé apparaissent en contradiction avec les données de la géométrie, on n'hésite pas à condamner immédiatement l'expérience et à déclarer que, dans ce conflit momentané, certainement c'est la géométrie qui a raison et reste vraie, malgré les contradictions de la réalité.

Et ainsi, comme dit Milhaud (55), « il faut renoncer à voir un lien absolument étroit entre certaines notions de la science rationnelle et les confirmations qu'elle reçoit des faits observés ».

On voit combien ceci accentue et creuse la limite entre la Biologie et la géométrie.

Nées de l'expérience, ne vivant que par elle, les lois de la Biologie ne pourraient résister à une expérience contradictoire ni prévaloir contre elle. L'expérience seule les conditionne et est leur seule raison d'être.

d. Et ceci nous conduit à ce dernier caractère différentiel qui est capital mais qu'il suffit d'énoncer parce que nous l'avons déjà rencontré pour les mathématiques et que nous le retrouverons surtout dans le chapitre (VIII) relatif à la métaphysique : les données géométriques sont absolues, universelles et nécessaires, tandis que les données biologiques, et en général des sciences expérimentales, n'ont aucun de ces caractères.

La géométrie est vraie dans toutes les planètes et dans tous les mondes existants ou possibles.

« Stuart Mill, qui soutient une sorte de positivisme géométrique, veut nous faire croire que, avec d'autres habitudes dans un autre monde, nous trouverions naturel qu'un cercle fut carré ; mais il y a là une confusion pitoyable » (Fouillée, D, 36).

On ne peut pas concevoir un univers dans lequel le carré de l'hypothénuse ne serait pas égal à la somme des carrés des deux autres côtés du triangle rectangle. Les théorèmes géométriques sont tels qu' « il nous est impossible de concevoir le contraire ». (Liard, A, 103). Comme Platon le fait dire à Socrate dans la *République*, la géométrie reste « la connaissance de ce qui est toujours, non de ce qui naît et périt » (Milhaud, B, 28).

Les lois biologiques ne peuvent avoir aucun de ces caractères, l'expérience étant impuissante à les conférer aux lois qu'elle crée.

Cela prouve donc bien que la géométrie ne peut dériver d' « une synthèse empirique » (Liard, B, 237).

Donc, voilà une limite bien tranchée entre la Biologie et la géométrie.

3. Il en est de même encore de la *logique*. Il me paraît impossible de soutenir que la logique et la raison ne sont que l'expression de la manière de penser de la *majorité des hommes* et de dire avec Le Dantec (B, 142) que nous qualifions un homme de fou uniquement « parce qu'il n'éprouve pas ce que nous éprouvons et ne réagit pas comme nous réagissons, nous qui constituons la majorité des hommes ».

Qu'est-ce d'abord que la logique?

D'après Liard (C) la logique est « la science des formes de la pensée ». La forme d'une science est « l'ensemble des procédés qu'elle met en œuvre pour arriver à connaître les lois de l'objet qu'elle étudie ». Le « double objet de la logique » est donc d' « établir les lois de la pensée considérée en elle-même, abstraction faite des objets auxquels elle s'applique, puis

en déterminer les applications différentes ». Les lois
formelles de la pensée se ramènent à trois principes :
le principe d'identité : ce qui est, est; — le principe
de contradiction : une chose ne peut pas à la fois être
et ne pas être; — le principe du milieu exclu : toute
chose doit être ou ne pas être.

Cela posé, la logique est-elle devenue un chapitre de
la Biologie? ou, pour mieux dire, l'ancienne logique a-
t-elle disparu en se fondant dans la Biologie?

C'est ce qu'admettent les positivistes, depuis
Auguste Comte[1].

« La logique traditionnelle achève de disparaître »
(120). La preuve en est que « les méthodes ne sauraient
être étudiées hors des recherches positives où les
savants les emploient... aucun art ne s'enseigne abstraitement, non pas même l'art de bien raisonner, ni
celui d'expérimenter... Il n'a jamais suffi de posséder
les règles de l'art poétique pour écrire de belles
œuvres. La connaissance approfondie des règles de
méthode ne conduit pas davantage aux découvertes
scientifiques » (119).

L'ancienne logique « développe surtout la faculté
dialectique, c'est-à-dire une aptitude, plus nuisible
qu'utile, à prouver sans trouver » (117).

Comte va plus loin et non seulement il conteste
l'utilité de la logique, mais il en discute même la légitimité et l'existence, puisqu'il en conteste la méthode
et veut la ramener à la sociologie et à la Biologie.

« L'ancienne philosophie prétendait découvrir les
lois intellectuelles par la réflexion, comme si l'esprit
pouvait en même temps penser et se regarder penser,
raisonner et observer son raisonnement [pourquoi

1. Toutes les citations qui suivent, sur la doctrine d'Auguste
Comte, sont de Lévy-Bruhl.

pas[1]?]. Comte rejette cette méthode introspective, qui ne donne pas de résultats scientifiques [pourquoi?]. Si l'on applique aux phénomènes intellectuels, comme à tous les autres, la méthode d'investigation positive, deux voies seulement sont ouvertes. On peut se placer au point de vue statique, c'est-à-dire étudier les conditions d'où ces phénomènes dépendent, et les y rapporter, comme on rapporte en général la fonction à l'organe. En ce sens, l'étude des phénomènes intellectuels appartient à la biologie. Ou bien, du point de vue dynamique, on peut considérer ces phénomènes dans leur évolution, en observant les phases successives qu'ils traversent. Et comme la vie de l'individu est trop courte pour que ce *progrès* y soit sensible, il faut étudier celui-ci dans la vie de l'espèce. Ainsi comprise, la science des lois intellectuelles relève de la sociologie... La logique positive s'abstient de spéculer sur les principes directeurs de la connaissance, principes d'identité, de contradiction, de causalité, etc. Ces sortes de principes ne sont pas objets d'examen ou de discussion. Comte est pleinement d'accord là-dessus avec l'école écossaise. Aucune science positive ne met en question ses principes propres. Comment soumettre à la critique les principes mêmes de tout raisonnement? Rien ne s'accorde moins avec l'esprit positif qu'une tentative de ce genre. Elle est métaphysique et sans aucune chance de succès » (122).

Binet a très bien repris de son côté, exposé et développé les objections de Stuart Mill à l'ancienne logique.

Selon les logiciens anciens, la preuve est un syllogisme. Or, dans le syllogisme, la première proposition est générale (*tous les hommes sont mortels*) et contient

---

1. Voir, plus haut, notre chapitre IV relatif à la psychologie et à l'observation intérieure.

la conclusion (*donc Paul est mortel*). Mais alors Stuart Mill fait remarquer que, s'il en est ainsi, le raisonnement ne sert à rien, n'apprend rien, n'est « pas un instrument de découverte, mais une répétition sous une autre forme d'une connaissance déjà acquise, c'est-à-dire une *solennelle futilité* ».

Il n'y a d'opération utile que celle qui « consiste à joindre à un fait un second fait non contenu dans le premier ».

En réalité, continuent Stuart Mill et Binet, si le syllogisme ci-dessus apprend quelque chose, c'est parce que la majeure est déjà une conclusion expérimentale et que la conclusion en est alors une application et une nouvelle preuve.

Dès lors, comme le remarque Milhaud (B, 117), il vaut mieux supprimer le syllogisme et appliquer directement à Paul ce que nous savons de Jean, Pierre et Jacques. « C'est une étrange fantaisie que de donner à la majeure une généralité absolue en même temps qu'inutile. » Il est bien « plus simple et plus sincère de conclure directement des cas particuliers connus à celui dont il sera maintenant question ». En somme, le seul raisonnement possible et utile consiste à inférer d'un certain nombre de cas particuliers observés à un autre cas particulier nouveau.

A cette seule condition, reprend Binet, « le raisonnement constitue un développement de la connaissance puisque toute inférence va du particulier au particulier et ajoute ainsi des faits nouveaux non observés aux faits déjà connus ».

« L'élément fondamental de l'esprit est l'image... le raisonnement est une organisation d'images... » et Binet analyse alors très bien dans tout son livre cette espèce particulière de raisonnement qu'avec les positivistes il considère comme la seule.

Ceux qui admettent cette doctrine suppriment toute

limite entre la Biologie et la logique. Pour eux la logique serait stérile si elle existait ; mais en réalité elle n'existe pas, se fondant dans la Biologie, dont elle devient un chapitre.

Je crois pour ma part cette doctrine inadmissible et il me paraît facile de réfuter, sur ce point, Auguste Comte et Binet.

Tout le raisonnement de Comte est basé sur cette affirmation *a priori*, posée comme un axiome et non démontrée, qu'il n'existe de science que les sciences expérimentales. S'il y a des sciences rationnelles on ne peut plus dire que rien ne s'enseigne abstraitement. La logique est une science rationnelle, comme les mathématiques et la géométrie.

Et la logique peut, comme science, être postérieure aux faits dont elle étudie les lois.

De ce qu'on applique tous les jours et depuis toujours les règles du raisonnement sans les connaître scientifiquement, c'est-à-dire de ce qu'on raisonne très bien sans savoir sa logique, cela ne prouve nullement qu'il n'y a pas une science du raisonnement et des lois de l'esprit. Tout le monde applique et a toujours appliqué les lois de la mécanique et de la physique sans les connaître : cela ne supprime pas ces sciences.

On ne peut pas plus dire, avec Comte, que, si elle existe, cette science de l'esprit est stérile.

Aucune science n'est stérile. Alors même qu'une science n'aurait aucune application pratique, elle ne serait pas inutile pour cela. On ne peut d'ailleurs proclamer sa stérilité que si on pose en principe que les sciences expérimentales seules sont utiles et fécondes : toujours le même postulat non démontré, qui revient derrière tous les raisonnements des positivistes.

C'est en poursuivant le même postulat que Comte condamne les méthodes de la logique et l'étude des lois de l'esprit, uniquement parce que cela ne rentre pas dans le cadre intentionnellement et initialement rétréci des sciences expérimentales, seules caractérisées de positives.

Quant à Stuart Mill et à Binet, tout leur travail aboutit à nier le syllogisme comme une solennelle futilité qui ne sert à rien et n'existe même pas.

Car, remarquez-le, Binet ne sauve pas le syllogisme quand il cherche à lui donner une nouvelle forme et à montrer que la conclusion n'est pas contenue dans la majeure, mais ajoute un fait nouveau à la majeure. Le cas de Paul ne peut pas être donné comme une preuve de la majeure, puisqu'à ce moment Paul n'est pas mort. Le syllogisme suppose une majeure déjà démontrée n'ayant plus besoin de preuves et la conclusion en est la déduction, l'application à un fait particulier.

En réalité, la question est très haute : Stuart Mill et Binet déclarent que nous ne pouvons, dans nos raisonnements, inférer que du particulier au particulier, tandis que l'ancienne logique admettait qu'on peut aussi dans certains cas inférer du général au particulier. En d'autres termes, la logique positiviste ne veut admettre que l'induction [1] s'exerçant sur les faits expérimentaux, tandis que l'ancienne logique, sans nier l'induction, admettait aussi la déduction, s'exerçant sur un principe général, quelle que soit d'ailleurs l'origine de ce principe, expérimentale ou rationnelle.

Eh bien ! il me paraît impossible de nier l'existence et l'utilité du raisonnement déductif.

1. De même, d'après Spencer, « l'esprit est un. Depuis la pure appréhension de deux sensations successives jusqu'à la solution d'un problème de hautes mathématiques, il se comporte de la même manière, il procède de la même façon, il suit la même loi... Cette théorie sur l'unité de composition de l'esprit est la pierre angulaire de l'édifice entier » (Liard, B, 178).

D'abord ce raisonnement sert déjà dans les sciences expérimentales pour étendre et appliquer à des cas particuliers nouveaux des lois générales que l'expérience antérieure, aidée de l'induction, a fait connaître. Ceci ne peut être nié par personne et Binet reconnaît que le raisonnement nous permet d'*apprendre* que Paul est mortel.

Mais ce n'est pas tout.

Le point de départ du raisonnement déductif peut ne pas être expérimental, au moins au sens positiviste; il ne vient pas nécessairement de la seule expérience extérieure. Il suffit qu'il soit vrai et l'*évidence* est une source de certitude et fournit un point de départ au raisonnement, au même titre que la perception extérieure.

Ceci a été prouvé, ce me semble, dans les deux paragraphes précédents de ce même chapitre, à propos des mathématiques et de la géométrie.

On peut discuter pour savoir si les raisonnements mathématique et géométrique sont ou non des syllogismes. Milhaud dit oui (B, 115) et je crois que Fouillée dit non[1]. Ceci est dans l'espèce une question secondaire de forme. Ce qui est certain, c'est que les raisonnements des mathématiciens et des géomètres sont déductifs et tout à fait différents des raisonnements inductifs des expérimentateurs. Ils ne vont pas du particulier au particulier ou au général; ils partent de principes universels ou généraux, d'axiomes et de définitions et en déduisent des conclusions qui sont contenues dans ces principes.

Et alors le syllogisme et le raisonnement déductif échappent aux objections de Stuart Mill et des positivistes (Milhaud, B, 119).

---

1. Liard, A, distingue aussi la démonstration géométrique du raisonnement déductif ordinaire.

En d'autres termes, les mathématiciens et les géomètres ne font pas d'autre raisonnement que ceux condamnés comme inutiles par Stuart Mill et Binet. Et cependant ces raisonnements servent à quelque chose, apprennent quelque chose, ne sont pas stériles, puisqu'ils arrivent à fonder des sciences entières avec des applications multiples. Le raisonnement déductif n'est donc pas toujours une « solennelle futilité ».

Donc, l'ancienne logique n'est pas tellement ruinée que cela, tellement supprimée. Donc, tout en logique ne revient pas à l'expérience et à l'induction : la logique n'est pas un chapitre de la Biologie.

Ce sont là deux sciences distinctes : il y a donc des limites entre la logique et la Biologie.

Voilà donc une première limite supérieure de la Biologie : celle qui la sépare des sciences rationnelles ou abstraites, mathématiques, géométrie et logique.

Nous allons voir qu'une autre limite supérieure, non moins certaine, sépare la Biologie de la *métaphysique*.

VIII

C. — Limites supérieures de la Biologie (*suite*).

2. — LA MÉTAPHYSIQUE

C'est certainement sur, ou plutôt contre, la métaphy·
sique que l'effort des positivistes contemporains a été
le plus grand.

On a voulu faire rentrer la métaphysique dans la
Biologie ou plutôt, comme la chose est impossible par
définition, on a nié la métaphysique. Du moment
qu'elle ne pouvait pas devenir une partie de la Biologie, elle n'existait plus. Elle ne pouvait que perdre
son préfixe ou disparaître.

Il est devenu de mode de la persifler et de la classer,
avec Anatole France (Fouillée, B, 141), parmi « ces
jeux, plus compliqués que la marelle ou les échecs »,
auxquels « l'intelligence s'emploie proprement » ou
de rire, avec Giard, de « l'agitation stérile des métaphysiciens *bombinantes in vacuo* », (Fouillée, B,
XXXIV).

Le snobisme est devenu tel qu'on finit par croire
qu'il y a un certain courage à employer encore ce mot,
du moins parmi les médecins et les biologistes. Car
chez les philosophes de profession il n'en est certes
pas de même (Liard, B ; Fouillée, D...).

1. La campagne contre la métaphysique ne date pas d'hier.

Réagissant contre le dogmatisme idéaliste de Descartes et de Leibniz, Locke avait considéré l'esprit comme « une table rase, où les choses viennent simplement marquer leur empreinte. Plus d'idées innées, plus de principes a *priori*, il n'y a dans l'entendement d'autres éléments que ceux qu'apporte la sensation » (Milhaud, B, 35). C'est le principe de Condillac : *nihil est in intellectu quod non fuerit in sensu*. Et Hume « est conduit, par une analyse profonde de la loi de causalité, loi fondamentale dans les sciences physiques, à déclarer qu'elle se réduit à une simple habitude d'esprit » (Milhaud, B, 36).

Voilà bien la ruine de la métaphysique : la Biologie et les sciences expérimentales subsistent seules et l'absorbent.

De même, Auguste Comte ne cesse de voir dans les conceptions les plus hautes de la pensée scientifique « de simples abstractions dégagées du monde concret, et, dans ses notions en apparence les plus éloignées de toute réalité sensible, des propriétés des choses directement fournies par l'expérience. C'est là à ses yeux la condition essentielle pour que l'idée ait droit de cité dans la science » ; à défaut de ces « éléments de positivité », elle « devient une chimère » (Milhaud, B, 15).

Cette attitude, ajoute Milhaud (16), « est celle qu'auront indéfiniment tous les Bacon de l'avenir, tous ceux qui se refusent à voir tout ce qu'il y a de créateur et de si originalement puissant dans la spontanéité de la pensée ».

Nous avons déjà dit, en rappelant la loi des trois états, comment la métaphysique n'est pour Comte qu'une forme transitoire de la pensée humaine. Cette métaphysique tombe en désuétude et est graduellement remplacée[1] par la science positive, qui est à la fois son « héritière[2] » et son « ennemie » (Lévy-Bruhl, 34).

La recherche des causes est reléguée « dans des régions de plus en plus lointaines »; la science n'étudie que les phénomènes et leurs lois et ainsi disparaît « le mode de penser mathématique ».

Et ainsi disparaissent la connaissance et l'étude des notions absolues et nécessaires. Les notions absolues paraissent à Comte complètement impossibles et il ne voudrait en garantir aucune. « La philosophie positive n'admet rien d'absolu », dit Lévy-Bruhl (377). « Il n'y a rien d'absolu en ce monde : tout est relatif », écrit Comte, dès 1818, à son ami Valat (Lévy-Bruhl, 383).

Donc, « le positivisme nie le droit de la métaphysique à la vie » (Liard, B, 41) et, conclut Littré (Liard, B, 66), « il est certain que les principes généraux de la doctrine de la nature humaine sont dans la Biologie ».

Tout à fait analogue est la doctrine des associationnistes et des évolutionnistes[3].

Pour la première de ces écoles, « raisonnements, jugements, concepts, même ceux qui semblent le plus éloignés des premiers résultats de l'expérience et que nous qualifions d'universels et de nécessaires, se réduisent, par une analyse progressive, en éléments

---

1. « D'après la loi essentielle de la dynamique sociale, l'état métaphysique n'est jamais que transitoire entre l'état théologique et l'état positif » (Lévy-Bruhl, 105).

2. Sans doute (Fouillée, D, 358) Auguste Comte a admis « la coexistence continuelle des trois états », mais sur des questions différentes. Pour chaque question prise en particulier les solutions se succèdent, se remplacent et la solution positive n'hérite de la solution métaphysique qu'en la tuant.

3. Voir, pour tout ce paragraphe, Liard, B, 74 et suiv.

empiriques [1], tantôt réunis d'une façon temporaire, tantôt soudés en couples et en ensembles indissolubles par le fait de l'association... Tout s'explique, a dit Hartley, par les sensations primitives et la loi de l'association... Aperçue d'abord là où elle était le plus en relief, la loi de l'association est apparue peu à peu comme la loi universelle du mécanisme intellectuel tout entier ». « Elle explique, dit Ribot, tous les faits intellectuels, non sans doute à la manière de la métaphysique qui réclame la raison dernière et absolue des choses, mais à la manière de la physique, qui ne recherche que leur cause seconde et prochaine » (Liard, B, 75).

Voulant aller plus loin que Locke et Kant en conciliant leurs doctrines et reconnaître avec l'un que la pensée est innée à l'individu, avec l'autre que toute pensée vient de l'expérience, Herbert Spencer rapporte « à l'expérience illimitée de la race humaine et des organismes inférieurs desquels elle est sortie par voie d'évolution, ce que Locke attribue à l'expérience de chaque individu, ce que Kant déclare irréductible » (B, 139). Et ainsi « l'intelligence, innée dans chaque individu, serait une lente acquisition de la race ».

C'est l'idée qu'exprime Regnaud (94) quand il dit que ces principes sont « affaire d'instinct héréditaire et d'expérience personnelle ».

Ribot (A) a brillamment développé la même doctrine : « il importe de remarquer, dit-il (207), que le passage des cas particuliers à la généralisation et fina-

---

1. Pour Stuart Mill, le principe de causalité serait « un résultat d'expériences uniformes accumulées » (Liard, C, 155). Il « déclare expressément que la loi de causalité universelle, loin de précéder dans notre esprit les lois particulières de la nature, les suit et les suppose ; et c'est à ces lois elles-mêmes qu'elle emprunte, suivant lui, l'autorité dont elle a besoin pour les garantir » (Lachelier, 20).

lement à l'universalisation [1] du concept de cause, *au sens rigoureux*, ne s'est fait que peu à peu... La croyance en une loi universelle de causalité n'est pas un don gratuit de la nature, mais une conquête... Elle (cette notion) n'en reste pas moins une conception tardive, ignorée de la plus grande portion du genre humain... le transport de cette loi (de causalité) à tout le connu et l'inconnu ne s'est produit que peu à peu, et, même de nos jours, il n'est pas complet, achevé. En un mot, la loi de causalité universelle est la généralisation de lois particulières et reste un postulat. »

On voit que la métaphysique biologique ou plutôt la doctrine qui sacrifie la métaphysique à la Biologie en n'admettant que l'origine expérimentale pour toutes nos connaissances a été obligée de se transformer peu à peu et en quelque sorte de se perfectionner.

Ces modifications même prouvent ou au moins font prévoir la valeur des objections qu'on a formulées et qu'on peut, je crois, maintenir contre cette manière de voir, pour sauver la métaphysique.

2. Je ne souscris pas, dit Goblot (5), « à cet interdit jeté par les positivistes sur le domaine des métaphysiciens. Il ne s'agit que de dissiper les malentendus d'où ils sont nés ».

Le principal, le seul malentendu est celui qui veut

---

1. Quoique parlant ici d'*universalisation*, Ribot ne consacre son livre qu'aux idées générales et, à la dernière page (254), il dit expressément : « Existe-t-il, comme quelques-uns le soutiennent, des notions antérieures à toute intuition sensible qui ne puissent, en aucune manière et par aucun effort, être dérivées des données expérimentales ? Il ne nous appartient pas de le discuter... c'est le problème de la constitution dernière de l'intelligence humaine que nous avons rigoureusement éliminé de notre sujet ».

que la métaphysique et la science positive aient le même objet, que par suite elles ne puissent que se combattre et se déloger l'une l'autre sur le même terrain, alors qu'elles ont des terrains séparés, des objets distincts et qu'elles peuvent par suite coexister dans le temps et dans l'esprit humain, en se complétant. La Biologie n'est pas l'*héritière* et par suite l'ennemie de la métaphysique. La Biologie et la métaphysique sont des sciences distinctes dont il faut connaître les limites.

« La métaphysique peut se définir la recherche de ce qui est *premier*. »

Le principal de ces objets « premiers » de la métaphysique est certainement formé par les principes absolus, universels et nécessaires, dont nous avons déjà parlé à propos des mathématiques et de la géométrie, qui ne dépendent pas de l'expérience et qui n'en proviennent pas.

Il suffit de prendre comme exemples pour la démonstration le principe de contradiction et le principe de causalité.

Comme l'a très bien dit Fouillée (B, XXIV, 209), « ce n'est pas introduire dans la science une *conception intruse et parasite* que de poser la non-contradiction et la causalité comme universellement applicables à tout ce qui est du domaine de la connaissance ».

Pour le *principe de contradiction* nous en avons suffisamment parlé dans le chapitre précédent.

Ce principe est tellement évident que Stuart Mill, que nous avons vu soutenir la concevabilité de *deux et deux font cinq* recule ensuite et n'ose pas nier le principe de contradiction. Il met « à part cette proposition qu'une chose soit en même temps A et non A »;

dans ce cas extrême, il « consent à reconnaître le contradictoire » (Milhaud, A, 23).

Milhaud trouve avec raison que le logicien anglais, « qui n'avait pas reculé devant les conséquences les plus effrayantes de sa manière d'entendre le langage » s'est « laissé intimider par la nécessité de faire un dernier pas bien insignifiant ». L'exception concédée par Stuart Mill ne lui semble pas justifiée [1].

Je ne connais pas de meilleure réfutation de l'entière doctrine que nous combattons que cette argumentation de Milhaud poussant les idées d'Auguste Comte et de Stuart Mill à l'extrème et par là même à l'absurde.

Quant au *principe de causalité*, de raison suffisante (Leibniz) ou d'universelle intelligibilité (Fouillée), on ne peut pas en nier l'existence, malgré tous les raisonnements que l'on entassera : il a la valeur d'un fait.

Tout a une raison, tout changement a une cause. Voilà un principe absolu et universel, qui existe, en fait, dans l'esprit humain et qui ne peut pas être le produit de l'expérience aidée de l'induction, puisqu'il est la condition même de toute induction.

Quand, en Biologie, vous concluez, d'un certain nombre de faits bien observés, que, dans les mêmes conditions, les choses se passeront toujours de la même manière, quand vous établissez ainsi les lois du déterminisme biologique, vous appliquez, plus ou moins consciemment, mais nécessairement le principe de la raison suffisante.

---

1. « N'en doutez pas, dit Milhaud (A, 26), le terrible logicien s'est laissé inconsciemment glisser pour une fois du point de vue objectif, d'où il voulait obstinément interpréter le sens de tous les termes, vers le point de vue subjectif. »

Si vous ne saviez pas d'avance que les mêmes causes produisent les mêmes effets, vous ne pourriez établir aucune science expérimentale.

Il va sans dire que l'on applique ce principe inconsciemment, sans l'avoir analysé. On ne peut donc pas objecter avec Binet (163) et bien d'autres que « cette connaissance très complexe manque à la plupart des hommes » et que chez ceux qui la possèdent elle « s'est formée plus tard, par une lente accumulation d'inductions partielles ». Tout le monde ne connaît pas le principe de la raison suffisante sous cette forme de loi, en ce sens qu'il ne l'a pas analysé et ne s'en est pas rendu scientifiquement compte. Mais chacun l'applique dès le premier jour où il raisonne et par suite chacun possède la notion qu'exprime ce principe avant toute espèce d'induction.

Ce n'est donc pas « faire un cercle vicieux que de donner comme fondement à nos inductions le résultat d'une induction particulière, qui n'est ni constante, ni élémentaire, ni primitive ». Le cercle vicieux consiste au contraire à donner comme résultat de l'induction accumulée un principe qui est la condition de toute induction et par conséquent lui est nécessairement antérieure[1].

Le point de départ du principe de causalité est si peu dans l'expérience que, renouvelant ce que nous avons dit pour les définitions géométriques, on peut soutenir avec Boutroux (29, 38) que, nulle part dans le monde concret et réel, le principe de causalité ne s'applique rigoureusement ; et « il est impossible d'établir expérimentalement ce soi-disant résultat de l'expérience » (Liard, C, 156).

Et cependant nous le maintenons comme *vrai*, en face du *réel*, presque en contradiction avec le réel que nous fait connaître l'expérience.

---

1. Voir pour le développement de cette idée, Liard, B, 67

Comme nous l'avons souvent répété, l'universel, l'absolu et le nécessaire ne peuvent pas sortir de l'expérience, qui ne donne que le particulier et ne peut même atteindre au général qu'avec l'aide de l'universel.

« La nécessité et l'universalité absolues, dit Kant, sont les marques certaines de toute connaissance *a priori* et elles sont même inséparables ; voilà un double signe qui permet de distinguer sûrement une connaissance pure d'une connaissance empirique » (Liard, B, 205).

Quand donc Littré et les autres positivistes veulent examiner la prétention de la métaphysique à connaître l'absolu en se plaçant au point de vue de la science positive, ils font un cercle vicieux ou une pétition de principes : ils partent volontairement et arbitrairement d'un point de départ qui préjuge la question à résoudre.

Ou le positiviste nie le principe universel de raison suffisante et alors il ne peut faire aucun raisonnement et ne peut fonder aucune science expérimentale — ou il admet et applique ce principe et alors il reconnaît sans le vouloir l'existence de l'objet de la métaphysique[1] et l'applique sans le savoir[2].

---

1. « Interrogez ceux qui rejettent la métaphysique ; vous reconnaîtrez bien vite qu'ils la rejettent au nom d'un système de métaphysique, qui est naturellement le leur » (Fouillée, A, 275, cit. Blum, 567).

2. « C'est là la grande force de la réponse à donner à tous ceux qui voudraient faire de la métaphysique un article de contrebande intellectuelle. Qu'il soit à souhaiter, ou non, d'imposer un droit prohibitif sur les spéculations philosophiques, il est absolument impossible d'en empêcher l'importation dans l'esprit. Et il est assez curieux de remarquer que ceux qui professent le plus hautement s'abstenir de ces denrées sont, au même moment, des consommateurs inconscients, sur une grande échelle, de l'une ou l'autre de leurs innombrables falsifications ou déguisements. La bouche pleine de la tartine beurrée, particulièrement indigeste, qu'ils affectionnent, ils se

Comprenant cela et ne voulant que l'expérimental, Stuart Mill nie l'absolu et déclare « qu'il n'y a dans l'expérience ni dans la nature de notre esprit aucune raison suffisante, ni même aucune raison de croire » qu'il n'existe pas un univers dans lequel la succession des événements est toute fortuite et n'obéit à aucune loi déterminée. Mais alors, comme dit Liard, « dans cette hypothèse que devient la science ? que devient la pensée ? » (B, 129).

En d'autres termes, « l'empirisme pur ne peut arriver à aucune certitude scientifique pour les choses de l'avenir [1]... La comparaison de Descartes est toujours vraie : les vérités métaphysiques sont les racines de l'arbre de la science et sans elles l'arbre se dessèche et languit, son feuillage pâlit et tombe » (Fonsegrive, 326).

Lachelier, lui aussi, l'a très bien démontré et il conclut nettement : « L'empirisme s'efforce vainement d'asseoir un principe sur le terrain solide, mais trop étroit, des phénomènes » (36).

On sera surpris de voir Stuart Mill émettre la même doctrine. « L'induction, dit-il, est le procédé par lequel nous concluons que ce qui est vrai de certains individus d'une classe est vrai de la classe entière, ou que

répandent en invectives contre le pain ordinaire. En réalité, la tentative de nourrir l'intelligence humaine avec un régime ne contenant pas de métaphysique est à peu près aussi heureuse que celle de certains sages orientaux qui prétendaient nourrir leur corps sans détruire aucune vie... Le poisson légendaire, qui de la poêle à frire se jeta dans le feu, n'était pas plus sottement conseillé que l'homme qui cherche un sanctuaire contre la persécution métaphysique dans les murs de l'observatoire ou du laboratoire » (Th. Huxley, cit. Blum, 556).

1. « Le positivisme est tombé dans l'illusion commune des négateurs de la métaphysique, qui ne sauraient en combattre les thèses qu'en leur en opposant d'autres » (Renouvier, A, 416).

ce qui est vrai certaines fois le sera toujours dans des circonstances semblables... L'univers, autant que nous le connaissons, est ainsi constitué, que ce qui est vrai dans un cas quelconque est vrai aussi dans tous les cas d'une certaine nature » (Blum, 218).

Ce principe, condition de l'induction, est donc antérieur à toute induction. Il ne provient donc pas de l'expérience ; car l'expérience ne pourrait le donner que par induction et aucune induction n'est possible sans lui.

L'évolution ne peut pas plus produire ces principes universels que l'expérience individuelle, puisque l'accumulation du particulier, que ce soit chez le même individu ou à travers les familles, ne peut jamais permettre de franchir le fossé qui le sépare de l'absolu.

Car, « ou bien les notions universelles sont en germe à l'origine de l'évolution ; alors celle-ci ne les crée pas, elle les développe et les formes de la pensée ont un commencement absolu ; ou bien elles apparaissent à un degré quelconque de l'évolution ; alors elles ne sont pas davantage un produit de l'évolution, et, dans ce cas encore, elles ont un commencement absolu ».

En somme, ni le nombre, ni même la totalité des phénomènes ne constituent l'absolu (Liard, B, 189-327).

Donc, « le double principe qui est le nerf de toute recherche et de toute induction est antérieur à l'expérience » (Liard, 157).

Et nous pouvons conclure avec Liard (B, 206) : « les raisons invoquées au nom de la science positive contre la possibilité de la métaphysique ne méritent pas créance ». Donc, il y a un objet de science que n'atteignent ni la Biologie ni aucune science expérimentale : c'est l'objet de la métaphysique.

On peut dire de la Biologie ce que Brunetière (A,86) dit de la science : « ses titres sont nuls, absolument nuls, à parler de morale ou de métaphysique » ; et, comme dit Fouillée (A, 275, 16), « quels que soient les prétentions du positivisme ou, comme on dit de nos jours, de l'agnosticisme, les sciences de la nature et de l'homme ne supprimeront jamais la métaphysique... La métaphysique durera donc autant qu'il y aura des cerveaux humains, une société humaine et un monde dont ils subiront l'influence. L'homme est un *animal métaphysique* » ; ou, comme dit Haeckel (13), l'animal des causes premières, *Ursachenthier* de Lichtenberg.

3. Donc, la métaphysique existe en dehors de la Biologie ; donc, de ce côté-là encore, la Biologie est bornée par une limite supérieure.

Remarquez que je veux simplement ici vous montrer l'existence de la métaphysique sans chercher à vous en faire mesurer l'étendue.

Car je pourrais la montrer étudiant non seulement les idées universelles et absolues, mais aussi l'*ontologie*, c'est-à-dire la nature substantielle des êtres vivants et de l'homme, arrivant même à la notion de l'infini et à l'idée de Dieu.

Renouvier l'a courageusement dit (A, 390) : « ce n'est que gratuitement qu'on peut condamner à disparaître, en vertu d'une loi de l'esprit humain, la croyance en un seul Dieu, personne suprême, et dans le gouvernement divin du monde : croyance qui n'est infirmée par aucun argument positif tiré de l'expérience ou des sciences, seuls moyens de savoir aux yeux d'Auguste Comte, et qui continue d'être amplement représentée dans le monde, même scientifique. Le théisme... n'exclut nullement l'esprit positif, *là où l'esprit positif est à sa place* [1] ».

1. Et ailleurs : « c'est d'une souveraine croyance rationnelle à l'Un et au Bien comme fondement du monde quant à l'Essence

Ce dernier membre de phrase, souligné par moi, exprime et résume toute la doctrine que j'essaie de développer dans ce livre.

La question de l'âme humaine, de la substance du moi appartient aussi à cette partie de la métaphysique. Pour Auguste Comte, « la théorie métaphysique du moi représente un *état fictif* » (Fouillée, D, 183, 144), parce qu'il se place exclusivement au point de vue positif et que « le problème de l'âme est métaphysique, c'est-à-dire qu'il suppose une induction sur le fond des choses telles qu'elles sont *en soi* ».

Il ne s'agit pas, bien entendu, de faire de la métaphysique une « mythologie abstraite » et d'admettre de « véritables entités (abstractions personnifiées) inhérentes aux divers êtres du monde et conçues comme capables d'engendrer par elles-mêmes tous les phénomènes observés, dont l'explication consiste alors à assigner pour chacun l'entité correspondante » (Liard, B, 42).

Il serait ridicule de vouloir remplacer la science positive par la métaphysique, là où la science positive peut atteindre.

Mais « tous les systèmes, quand on en défalque les différences spécifiques, présentent un même résidu, l'affirmation d'une existence en soi et par soi... » voilà l'objet réservé à la métaphysique[1], à l'ontologie.

« Toute qualité est inhérente à une substance... La substance n'est pas la somme des qualités elles-mêmes.

(termes platoniciens) que dépend l'idée de l'Être parfait, c'est-à-dire doué (aux termes de Descartes) de toutes les perfections dont nous avons l'idée, sans comprendre d'où nous pouvons la tenir, si ce n'est de cet être lui-même » (Ch. Renouvier, A, 451).

1. « La force échappe aux prises de la science positive... le concept tout rationnel de force est essentiellement métaphysique » (Blum, 532. Note).

Car, si toute qualité requiert un support, une qualité ne peut être le support d'une qualité... La critique établit la nécessité de la substance comme liaison des phénomènes » (Liard, B, 311, 256, 264).

Cela suffit pour légitimer l'existence de cette partie de la métaphysique. Et cela établit nettement la métaphysique en dehors de la Biologie et de toutes les sciences positives.

Car, comme le dit très bien Fouillée (170), la science positive n'atteint pas l'être ou les êtres où résident tous les mouvements.

Voilà donc un second objet de la métaphysique, un second côté par lequel elle existe et se sépare de la Biologie.

4. En somme et comme conclusion générale de nos deux derniers chapitres (VII et VIII), il existe une science des *idées*, dont l'existence est indiscutable, en face et à côté de la science des *faits*.

Je ne dirai pas complètement, avec Paul Adam, que « l'Esprit se lève contre le Fait et prétend le transformer à son image ».

Mais je dirai que l'esprit se lève à côté du fait, qu'il le précède et lui est supérieur ou du moins qu'il est la condition absolue de la connaissance et de l'analyse scientifique du fait.

Il faut lire là-dessus tout l'ouvrage de Fouillée sur la *Psychologie des idées forces* : au panorama tout intellectuel des idées représentations « la psychologie des idées forces doit substituer l'action ». Toute idée est « une force qui tend à réaliser son propre objet ».

Si l'homme ne veut accepter que la science des faits, « réduit aux phénomènes et à leurs relations, il demeure enfermé, comme le prisonnier de la caverne, dans le monde des apparences et des ombres » (D, 362).

Il ne faut plus voir dans la métaphysique un simple mode transitoire de la pensée humaine. « La métaphysique et la science n'ayant pas le même objet, la loi des trois états qui en constate l'apparition successive n'en prouve pas l'incompatibilité... Par son principe constitutif, le positivisme est condamné à ne jamais établir la proposition qui lui sert de base; partant son jugement sur la vanité des recherches métaphysiques est mal informé et revisable... La pensée, qu'on l'appelle entendement ou raison, demeure la législatrice de la science... La science est vraie parce que l'esprit existe » (Liard, B, 555 à 202).

Je n'insiste pas, ne voulant pas prendre position dans l'étude et l'exposé de la métaphysique : je suis trop incompétent pour cela et cela sortirait entièrement du but et du cadre de ce livre.

Pour continuer la démonstration de ma thèse je voulais simplement montrer que la métaphysique, comme les mathématiques, la géométrie et la logique, c'est-à-dire l'entière science de l'esprit et des idées, existe en dehors des sciences expérimentales, positives, de la Biologie; par conséquent, de ce côté encore existe une limite importante de la Biologie.

IX

C. — Limites supérieures de la Biologie (*fin*).

Il semble que ma thèse soit déjà amplement et suffisamment démontrée : la Biologie n'est pas la seule science, n'est pas le seul mode de connaissance et d'intellectualité; la Biologie a des limites puisqu'en dehors d'elle il y a les sciences physicochimiques, les sciences psychologiques (morale et psychologie), l'esthétique et ses applications (littérature et arts), les sciences sociales (sociologie, histoire) et leurs applications (droit), les sciences abstraites et de l'esprit (mathématiques, géométrie, logique et métaphysique).

Ma tâche n'est cependant pas entièrement terminée.

Il y a encore un domaine réservé, il y a d'autres questions qui sont non seulement en dehors de la Biologie, mais aussi en dehors des autres sciences que nous avons énumérées : c'est le domaine de la *théologie*, de la *révélation*, de la *religion*.

Notez encore bien que je ne veux pas plus exposer un dogme ou faire de l'apologétique chrétienne que je n'ai voulu développer une psychologie ou une métaphysique particulières.

Je ne veux toujours qu'une chose : montrer qu'en

dehors du domaine des études biologiques il y a un autre domaine livré aux études théologiques et religieuses, comme il y a un autre domaine livré aux études psychologiques et un autre livré aux études métaphysiques.

Ainsi posé, le fait ne me parait pas discutable.

Nombreuses sont les questions dont la solution intéresse puissamment l'homme et qui ne sont résolues par aucune des sciences envisagées jusqu'ici.

La physicochimie nous prouve nettement la conservation actuelle de la force au milieu de ses multiples transformations; elle est incapable de nous dire si, quand, pourquoi et comment cette force a commencé; si, quand, pourquoi et comment elle finira ou non; si elle est, ou non, éternelle et indestructible, dans le passé et dans le futur; si elle a été créée et si elle sera anéantie.

« A ces questions : le monde a-t-il commencé? L'univers est-il limité dans l'espace? La matière est-elle divisible à l'infini ou constituée par des éléments indivisibles? Kant répondait en affirmant l'impuissance de la raison à prendre parti pour la thèse ou l'antithèse » (Milhaud, A, 166).

La Biologie, la mieux complétée par les dernières découvertes, nous prouvera l'existence de l'évolution dans un certain nombre de cas, la possibilité de cette évolution dans d'autres; elle sera toujours impuissante à dire, pour la vie comme pour la force physique, si, quand, pourquoi et sous quelle forme cette évolution a commencé et si elle finira ou non.

La psychologie nous montre bien le libre arbitre, les idées de beau et de bien; elle nous force à admettre, en nous, un être responsable. Mais la destinée précise de cet être lui échappe : d'où vient-il? où va-t-il? mourra-t-il?... Graves questions que la psychologie la plus perfectionnée ignore.

Enfin la métaphysique conduira certains d'entre nous à l'idée d'un infini qu'elle pourra appeler Dieu : mais toutes les questions de Providence, d'intervention, de création, de jugement... lui échappent absolument et lui échapperont toujours.

Elle ne sait s'il y a une Providence active ou si la seule fonction de Dieu est *otium cum dignitate*.

Chaque science laisse donc, en dehors d'elle, ce que Littré appelait un « résidu ».

Nombreuses sont les « terres inconnues » pour lesquelles l'homme, armé de toutes les sciences que nous avons énumérées, est non seulement obligé de dire un provisoire *ignoramus*, mais encore est contraint de proclamer le fameux et définitif *ignorabimus* par lequel Du Bois-Reymond a terminé un discours célèbre.

« La connaissance scientifique et philosophique étant toujours bornée, il restera toujours au delà une sphère ouverte à des *croyances* » (Fouillée, B, LVI).

Il est donc impossible de dire : « Dans l'état actuel de la science, on ne doit plus renoncer à rien comprendre dans les *phénomènes* de la nature » (Le Dantec, B, 8).

Il reste vraiment et il restera toujours pour le savant un « au-de-là... l'inconnaissable auquel Spencer élève un autel comme au Dieu inconnu » (Fouillée, A, 45).

Tout le monde reconnaît l'existence de ces mystères rebelles à la science positive.

L'hypothèse évolutionniste, dit Tyndall (Blum, 550), « ne résout pas, elle n'a pas la prétention de résoudre le système dernier de cet univers. Elle laisse de fait la mystère intact... au fond, l'hypothèse ne fait que transporter la conception de l'origine de la vie à un passé indéfiniment distant ». Il y a des questions que la science laisse « ouvertes » et les vrais savants « ne permettent pas qu'on impose aucune limite déloyale à l'horizon de leurs pensées ».

« On n'empêchera jamais l'être humain de se faire au moins son roman de l'infini », dit Blum (558), et il cite ce passage de J.-B. Dumas : « ... l'espace, le temps, le mouvement, la force, la matière, la création et la nature brute et le néant demeurent autant de notions primordiales dont la conception nous échappe... » La physiologie « ne sait rien de la nature et de l'origine de cette vie qui se transmet mystérieusement de générations en générations, depuis son apparition sur la terre ; d'où elle vient, la science l'ignore ; où va la vie, la science ne le sait pas, et, quand on affirme le contraire en son nom, on lui prête un langage qu'elle a le devoir de désavouer » (559).

Ribot dit de même : « L'ensemble des connaissances humaines ressemble ainsi à un grand fleuve coulant à plein bord, sous un ciel resplendissant de lumière, mais dont on ignore la source et l'embouchure, qui naît et meurt dans les nuages. Les esprits audacieux n'ont jamais pu ni éclaircir ce mystère, ni l'oublier » (Blum, 566).

Pour Littré (Blum, 579), cet inconnu forme « un océan qui vient battre notre rive et pour lequel nous n'avons ni barque ni voile mais dont la claire vision est aussi salutaire que formidable ».

Stuart Mill parle aussi du mur qui nous enferme avec des « fissures, à travers lesquelles perce un rayon de cette lumière qui éclaire un dehors inconnu » (Blum, 579).

« Nous vivons dans une oasis de savoir, riche et brillante mais environnée de tous côtés par une vaste région inexplorée, et cernée par d'impénétrables mystères » (Salisbury, 11).

« On ne connaît pas, dit le professeur Virchow, un seul fait positif qui établisse qu'une masse inorganique, même de la Société Carbone et Cie, se soit jamais transformée en masse organique. Et pourtant, si je ne veux pas croire qu'il y ait un créateur spécial, je dois recourir à la génération spontanée... mais personne n'a vu une production spontanée de matière organique. Ce ne sont pas les théologiens, mais les savants qui repoussent la génération spontanée... Il faut opter entre la création et la génération spontanée. »

Et Foveau de Courmelles qui fait cette citation ajoute plus loin (368) : « on oublie facilement qu'il s'agit là d'un empire ténébreux, invisible, où il faut crier *casse-cou* aux savants qui cessent d'être scientifiques en s'y égarant ».

C'est cette région restée mystérieuse et inconnue, déclarée inaccessible par la science positive [1] que la théologie et la religion veulent nous revéler et nous faire connaître.

Il n'y a aucune humiliation pour le savant à admettre ce principe et à leur laisser le champ libre dans ce domaine.

C'est la pensée qu'a exprimée un biologiste dont personne ne contestera la haute compétence, Jules Soury, quand il a dit (615) : « Pourquoi l'homme de réflexion, le savant athée, au sens antique du mot, ne se mêlerait-il pas à la foule de ses frères, ne s'agenouillerait-il pas sur la pierre de ce pavé des cathédrales où sa mère l'a conduit enfant?... Plus l'homme de science sera savant, plus il aura conscience de son ignorance et de son néant, plus il trouvera digne de lui et de ses pères de s'incliner très bas sur les dalles de la vieille église, prostré dans un spasme de pitié, d'humilité infinies ».

Berthelot a énoncé une pensée non démontrée scien-

---

1. C'est la matière de ce qu'Arago appelait l'*Encyclopédie de l'ignorance*, « encyclopédie beaucoup plus riche, beaucoup plus instructive, aimait-il à répéter, que celle de la Science » (W. de Fonvielle, IX).

tifiquement quand il a dit (449) : « La méthode scientifique a été reconnue par l'expérience des âges écoulés, comme par celle de âges présents, la seule méthode efficace pour parvenir à la connaissance : il n'y a pas deux sources de la vérité, l'une révélée, surgie des profondeurs de l'inconnaissable ; l'autre tirée de l'observation et de l'expérimentation, internes ou externes. »

Voilà une affirmation purement gratuite, que, par définition même, la science est impuissante à établir.

On peut donc traiter cette proposition d' « idole de notre imagination », suivant une expression même de Berthelot.

De ce que les dogmes religieux n'ont pas « inventé l'imprimerie, le microscope, le télescope » (460) (l'énumération pourrait être bien plus longue que celle de Berthelot), cela ne prouve pas scientifiquement que ces dogmes n'existent pas, *en dehors de la science*[1].

Proclamer ainsi la banqueroute des dogmes, c'est leur appliquer exactement le raisonnement que l'on reproche aux ennemis de la science : pas plus que la science, la religion ne fait banqueroute dans un domaine qui n'est pas le sien, dans un domaine où elle n'affirme rien et ne suscite aucune espérance.

Il en est en somme de la théologie et de la Biologie comme de la métaphysique et de la Biologie. L'une et l'autre ne paraissent faire banqueroute que sur un domaine qui n'est pas le leur. La théologie et la Biologie tâchent de remplir leur programme sur des domaines distincts et séparés.

Étant ainsi séparées et distinctes par leur objet et leur domaine, la théologie et la Biologie ne se combattent ni ne se contredisent, mais se complètent.

---

1. C'est à propos de cet article de Berthelot que Fouillée a dit (B, xxxiii) : « La science, pour son malheur, a été défendue par les savants. L'un des plus illustres... »

Ainsi la rotation de la terre, fait scientifique, ne doit pas plus être considérée comme un argument contre le miracle de Josué, fait théologique, que ce miracle lui-même contre les découvertes de Galilée. Ce sont là choses disparates ne pouvant pas s'influencer mutuellement.

Il ne faut pas que les savants, « quel que soit leur credo », cherchent « leur géologie dans leurs livres sacrés ». Mais il ne faut pas non plus enseigner cette « idée étrange que les croyances religieuses sont dans la dépendance des recherches physiques », et les savants ne doivent pas s'imaginer « que leur creuset ou leur microscope peut les aider à pénétrer les mystères planant sur la nature et la destinée de l'âme humaine » (Salisbury, 10).

Nombreux cependant sont ceux qui, comme Draper, étudient les *Conflits de la science et de la religion*. Tous ces prétendus conflits résultent de l'oubli des limites qui séparent ces deux ordres de connaissance.

Ainsi Draper dit (vi) qu' « une révélation divine exclut nécessairement la contradiction ». C'est très vrai. Mais la révélation divine ne s'exerce que sur un terrain inaccessible aux autres modes de connaissance. Elle ne peut donc pas rencontrer de contradiction, pourvu qu'elle reste dans son domaine et la science dans le sien.

On n'a donc pas le droit d'ajouter avec le même auteur que la révélation « exclut le progrès des idées et tout ce qui émane de la spontanéité humaine ».

Ceci est une erreur manifeste et ne découle nullement de la proposition précédente.

Le domaine de la révélation est au-dessus et en dehors du domaine des idées et de la spontanéité humaines; la révélation ne peut donc en rien entraver ce progrès. On peut dire seulement qu'elle le complète en quelque sorte.

La révélation n'a rien à voir en physicochimie et en Biologie. Donc elle ne gêne en rien l'essor de l'homme dans ces sciences. Elle ne cherche à intervenir qu'à partir du point où les autres modes de connaissance reconnaissent qu'elles doivent s'arrêter.

Donc, ni contradiction réelle ni contradiction possible.

On a longtemps cru et on répète souvent encore que l'on ne peut pas être transformiste en Biologie et catholique en religion[1].

La doctrine « de l'évolution et du développement renverse le dogme de la création en plusieurs actes successifs », dit Draper (258). Cela n'est nullement prouvé.

Il n'y a qu'à lire dans le livre de Quatrefages tout le chapitre intitulé *transformisme, philosophie* et *dogme* pour voir qu'en fait cette contradiction entre le transformisme et le dogme n'a jamais existé.

Si le libre-penseur Charles Robin était antitransformiste, Lamarck, le véritable fondateur du transformisme, ne veut pas qu'on confonde « la montre avec l'horloger, l'ouvrage avec son auteur », proclame que « Dieu créa la matière » et que « la volonté de Dieu est

---

1. L'ouvrage de Darwin (1839) sur l'origine de l'espèce a été « publié à une époque où il fournit des armes de guerre à des hommes qui ne se préoccupaient aucunement de la vérité scientifique et qui en firent usage dans des polémiques violentes, dont l'effet ne pouvait être que passager » (Salisbury, 28). « La plupart des partisans de Darwin, au moins sur le continent, appartenaient au parti révolutionnaire, ce qui a fait croire que cette manière de voir entraînait une adhésion à des principes avancés » (W. de Fonvielle, 28, note). « C'est parce qu'ils défendaient ces doctrines (de la mutabilité de l'espèce) que la plupart de leurs concitoyens les considéraient comme des gens désireux de saper les fondements de la morale et de la religion » (Huxley, *ibid.*, p. 51).

partout exprimée par l'exécution des lois de la nature, puisque ces lois viennent de lui ».

Un autre transformiste, Étienne Geoffroy-Saint-Hilaire, était « religieux » et écrivait, à la fin d'une de ses dernières publications : « Si j'ai pu être quelque peu utile, gloire à Dieu ! »

D'Omalius d'Halloy était « un vrai catholique, croyant et pratiquant » et le Père Bellinck : jésuite et transformiste éminent.

Darwin lui-même, s'il avait perdu la foi, se proclamait « déiste » et disait : « le mystère du commencement pour toutes choses est insoluble pour nous; et je dois me contenter de demeurer un agnostique ».

Voilà la vraie formule : le biologiste est un agnostique en religion, en tant que biologiste. Donc, rien, en Biologie, ne l'empêche d'être, d'autre part, religieux.

Chacun peut, s'il le croit bon et sans contradiction, aller SUCCESSIVEMENT à son *laboratoire* et à son *oratoire* [1].

---

1. Parlant de cet « aphorisme » Jules Soury vient de faire, dans l'*Action française* (1er novembre 1901) un remarquable article sous ce titre : Oratoire et laboratoire. Voici quelques phrases du début : « J'ai soutenu et je répète qu'entre la foi et la science, bien comprises, il n'existe point de conflit possible, c'est à la condition qu'il n'y ait point de rencontre. Leur domaine est distinct; elles s'ignorent, elles ne répondent ni aux mêmes besoins ni aux mêmes questions... La science ne sait rien et, par définition, ne peut rien savoir de ce que croit la foi : Dieu, la création, l'âme immortelle, la liberté morale, la vie future, le miracle et le surnaturel. La foi ne sait pas : elle croit. Ses certitudes sont des illuminations de ce qu'elle appelle la grâce... » — Tout le monde ne pense pas du reste de même et le *Libertaire* disait peu de jours avant (12 au 19 octobre 1901) : « On s'afflige d'apprendre qu'un clinicien de la valeur de M. Grasset, par exemple, est clérical. O la terrible folie ! »

Halleux a repris toute cette question de l'évolution devant le dogme catholique.

« La question de notre origine simienne, dit-il en commençant, intéresse peut-être moins la foi qu'on ne le pense généralement. » Il montre que le dogme catholique vise exclusivement la création par Dieu de chaque âme humaine. Mais « que le corps du premier homme ait été formé d'une matière directement empruntée au règne inorganique ou d'une matière organisée, préparée dans une certaine mesure par l'évolution, il n'en reste pas moins vrai (pour le catholique) que Dieu est l'auteur de notre vie... »

De même, Tyndall : « Croyez-moi, son existence (de l'hypothèse évolutionniste) à l'état d'hypothèse dans un esprit est parfaitement compatible avec l'existence simultanée de toutes les vertus auxquelles on peut appliquer le nom de vertus chrétiennes » (Blum, 548).

Après ces explications et en comprenant les choses de cette manière, il paraît difficile de considérer la religion comme une *maladie* de l'esprit. C'est là cependant ce qu'admet Sergi (404) quand s'occupant « du caractère et de la signification psychologique de la religion », il déclare qu'il la considère « comme une manifestation pathologique de la fonction de protection, comme une déviation de la fonction normale développée dans la nature physique et organique, déviation causée par l'ignorance des causes et des effets ».

Personne n'acceptera, comme un procédé de discussion et un argument de réfutation, qu'on traite de malades ceux qui n'ont que le tort de penser autrement que l'auteur. Nous revenons là aux affirmations a *priori*, non scientifiques, lancées superbement par des positivistes sincères.

Je comprends mieux Secrétan disant, en tête de son

beau livre de philosophie : « je suis resté fidèle aux croyances de ma jeunesse. Je lis toujours dans le christianisme le secret du monde... La religion, la philosophie et la science ne sont point trois procédés d'inégale valeur pour atteindre la solution du même problème, elles ont chacune au contraire leur problème et leur objet distincts... Cette unité finale et suprême que la pensée réclame, l'expérience de la vie me la montre dans la religion pleinement réalisée... La religion est donc, quoi qu'on en dise, un élément essentiel de notre vie, la fonction centrale et synthétique de l'esprit... Autoritaires, rationalistes, juste milieu, tous reconnaissent, contrairement aux suppositions positivistes, que la religion n'est pas un accident de l'histoire mais une fonction de l'humanité. » Il est impossible de dire avec Schleiermacher et Hegel que la théologie « est au fond un tissu d'apparences, une forme inadéquate de la vérité ».

La science qui doit tout ignorer de la théologie serait bien mal venue à en discuter les bases et la valeur. Chaque homme, entend comme Pascal, une voix lui dire : « Tu ne me chercherais pas si tu ne m'avais pas trouvé ».

La croyance à la Providence et à la prière n'a rien de contradictoire avec toutes les sciences les plus positives. Comme dit encore Secrétan, « nous pouvons admettre l'efficacité de la prière pour nous-même et pour autrui sans porter atteinte à la conviction que le propos de l'Éternel est immuable, que les lois de la nature ne souffrent pas d'exception et que la science est possible. »

Il est donc aussi antiscientifique que ridicule de répandre la phobie de la révélation chez tous les hommes de science [1] et surtout de faire de cette crainte même la base d'une argumentation scientifique.

---

1 C'est le raisonnement, cité plus haut de **Virchow**.

C'est cependant ainsi qu'ont raisonné Haeckel et Weissmann, quand ils ont dit : le premier, « les monères primitives sont nées par génération spontanée de la mer, comme les cristaux naissent dans les eaux-mères. Qui ne croit pas à la génération spontanée admet le miracle [1]. C'est une hypothèse nécessaire et qu'on ne saurait ruiner par des arguments *a priori* ou des expériences de laboratoire » — et le second, « nous acceptons la sélection naturelle, non point parce que nous sommes à même de la démontrer en détail, non point parce que nous pouvons la comprendre avec plus ou moins de facilité, mais parce que nous y sommes obligés, parce qu'il n'est pas possible de concevoir qu'il y ait un autre moyen de rendre compte de l'adaptation des organismes, sans invoquer l'existence d'un plan préconçu dans la nature ».

Ainsi, comme le dit très bien de Kirwan (à qui nous empruntons ces citations), « il faut admettre, contre toute expérience, un fait imaginaire afin de supprimer un fait réel, mais qui gêne une théorie préconçue ».

Salisbury avait déjà, de son côté, finement raillé cette argumentation qu'il trouve « étrange » sous la plume d' « un philosophe de la pénétration du professeur Weissmann ».

« Voilà la manière dont on s'y prend pour raisonner... La roue du destin apporte toujours la vengeance des

---

1. Au moment où je corrige ces épreuves je reçois un très beau discours de Mgr Henry sur la Philosophie et la Foi (Lyon, 13 novembre 1901). L'évêque de Grenoble s'adresse aux hommes qui ont su offrir « à la Science et à la Foi, comme à deux sœurs dignes de s'entendre et de s'aimer, la joie d'une cohabitation pacifique dans le palais de leur intelligence » et il leur dit nettement : « Ni la science ne doit périr étouffée par la foi, ni la foi mourir dans les âmes sous les coups que lui aura portés la science... De conflit entre elles il n'y en aurait donc d'aucune sorte, sans les passions qui ont tout intérêt à en créer, par ce qu'elles en vivent... »

opprimés. Il n'y a pas très longtemps que la croyance dans l'existence d'un plan général de la nature régnait d'une façon despotique. Même ceux qui minaient son autorité avaient l'habitude de commencer par lui rendre hommage afin de ne pas blesser la conscience publique en refusant d'en proclamer la réalité. Aujourd'hui, la révolution est si complète que voilà un grand philosophe qui fait usage de ce principe jadis inviolable pour exécuter *une réduction à l'absurde*! Il préfère croire ce qu'il ne peut démontrer en détail, ce qu'il ne peut concevoir en gros, plutôt que de se rendre coupable d'hérésie en admettant un principe aussi ridicule que l'intervention d'un pouvoir régulateur » (37-40-41).

Tout ce joli passage peut être appliqué à l'ensemble des idées religieuses et peint bien la terreur qu'elles inspirent aux savants actuels.

Que la science fasse donc son travail sans se préoccuper des rapports que ses conclusions auront avec celles de la théologie, soit dans un sens, soit dans un autre.

Elle n'a pas le droit d'interdire la foi à ceux qui veulent et qui peuvent l'avoir, à ceux qui disent comme Maxime du Camp : « dans le labyrinthe de la vie, le meilleur fil conducteur est encore la foi [1] » ; ou comme Taine : « le vieil Évangile, quelle que soit son enveloppe présente, est encore le meilleur auxiliaire de l'instinct social » ; à ceux en un mot qui croient trouver dans la religion ce complément d'informations qui satisfait leur « désir de connaître le pourquoi des choses », désir dont Spencer reconnaît qu'il tourmente incessamment l'esprit humain (Halleux, 185-188-190).

---

1. Maxime du Camp ajoute du reste : « Je parle d'une façon désintéressée, car je n'ai pu la saisir ».

Si la science ne doit pas interdire la religion, la religion à son tour ne doit pas interdire la science. Il en est bien ainsi pour la religion catholique, qui, sans vouloir en rien la comparer aux autres, est généralement considérée comme la moins tolérante.

Voici en effet ce que nous lisons dans la *Constitution dogmatique de la Foi catholique* établie par le concile du Vatican (c'est au livre de Draper que j'emprunte ces citations!)

« L'Église catholique a toujours tenu et tient encore qu'il existe deux espèces de sciences, distinctes l'une de l'autre dans leur principe et dans leur objet : distinctes dans leur principe, parce que, dans l'une, nous sommes instruits par la raison naturelle et dans l'autre par la foi divine; distinctes dans leur objet, parce que, outre les vérités auxquelles notre raison peut atteindre, on présente à notre esprit des mystères cachés en Dieu, lesquels ne peuvent arriver à notre connaissance que par la voie de la révélation. »

Et plus loin : « Si éloignée est l'Église de s'opposer à la culture des sciences et des arts qu'elle les encourage et les protège de diverses manières : car elle n'ignore ni ne méprise les avantages qui en dérivent pour le bien de l'homme [1]... Elle ne défend à aucune science de se servir de ses principes et de ses méthodes dans le domaine qui lui est propre ».

Voilà bien la doctrine que je défends dans ce travail : il faut cesser d'opposer la science et la foi, d'en signaler les conflits et de se demander plus ou moins anxieusement à qui restera la victoire.

Ce sont là des querelles dignes du moyen âge : à

[1] « ... La science et la Foi sont si peu faites pour entrer lutte que, loin de retenir les chrétiens éloignés des connaissances humaines, la religion fait mieux que leur permettre, elle leur recommande la science » (Mgr Henry. Discours cité 29).

cette époque la science ne pouvait s'établir que sous le contrôle en quelque sorte de la théologie ; aujourd'hui on voudrait que la théologie n'existât que comme science positive.

Or, ceci c'est la supprimer par définition et sans discussion. Car, par essence même, la théologie, science des vérités révélées, ne peut être ni classée dans les sciences positives ni jugée par les sciences positives.

Il n'y aurait lutte et conflit que si les solutions théologiques et les solutions scientifiques portaient sur les mêmes objets. Mais il n'en est rien. La révélation ne cherche à nous instruire que sur les terrains laissés dans le mystère et l'ignorance par toutes les autres sciences, expérimentales et rationnelles.

Il ne peut donc pas y avoir de conflit.

Car, comme disait Benjamin Constant, « à mesure que la religion se retire de ce que les hommes connaissent, elle se replace à la circonférence de ce qu'ils savent » (Brunetière, B, 36).

Et cette circonférence limite existe toujours malgré tous les progrès qui en allongent le rayon.

On peut discuter (et sur ce point je ne me prononce pas, quoique ayant mon opinion personnelle, très ferme, sur la question), on peut discuter pour savoir si la religion réussit à faire connaître ces terres inconnues et inconnaissables des savants, mais on ne peut pas opposer à la religion une fin de non recevoir, une question préalable hautaine : ce serait un *a priori* non scientifique, que notre époque ne peut pas se permettre.

Donc, voilà encore une nouvelle et dernière limite supérieure de la Biologie : la limite qui la sépare de la théologie et des connaissances révélées.

CONCLUSIONS GÉNÉRALES

Biologie et vitalisme.

Que conclure de tout cela?

Quelle est l'utilité de cette longue et laborieuse analyse des limites naturelles de la Biologie, dans les divers sens?

La conclusion est bien simple et on en voit immédiatement l'immense importance.

La conclusion, c'est que toutes ces diverses sciences ne sont pas des chapitres divers d'une seule science [1], la Biologie, qu'on ne peut pas les ramener les unes aux autres, qu'elles sont indépendantes, peuvent se développer indéfiniment, chacune dans son domaine sans jamais se nuire mutuellement, se contrarier ou se contredire.

Nous généralisons ainsi la pensée d'Auguste Comte quand il a dit : « la physique doit se défendre de l'usur-

---

1. Tout récemment, lors de son Jubilé, Berthelot a exposé de nouveau la théorie du monisme scientifique : « la science élève plus loin ses légitimes prétentions; elle réclame aujourd'hui à la fois la direction matérielle, la direction intellectuelle et la direction morale des sociétés ». Il faut lire la fine critique qu'a faite Emile Faguet de ce Discours (La nouvelle idole in *Gaulois*, déc. 1901).

pation des mathématiques; la chimie, de celle de la physique, enfin la sociologie, de celle de la biologie » (Fouillée, D, 17).

Nous ajoutons : la métaphysique et la théologie doivent se défendre de l'usurpation de la Biologie.

Il est, par exemple, inexact de dire que la science « nous a révélé, de vérité certaine, combien incompatibles sont nos anciennes croyances avec l'histoire, la physique et la biologie » (de Lapouge).

Ce sont des choses différentes, mais non incompatibles, des domaines séparés, objets de sciences, distinctes mais non opposées ou contradictoires.

De même, quand Haeckel dit : « dans cette guerre intellectuelle, qui agite tout ce qui pense dans l'humanité et qui prépare pour l'avenir une société vraiment humaine, on voit d'un côté, sous l'éclatante bannière de la science, l'affranchissement de l'esprit et la vérité, la raison et la civilisation, le développement et le progrès. Dans l'autre camp se rangent, sous l'étendard de la hiérarchie, la servitude intellectuelle et l'erreur, l'illogisme et la rudesse des mœurs, la superstition et la décadence » (Quatrefages, I, 7).

Ce sont là des mots, plus ou moins ronflants et séduisants pour des snobs superficiels; mais ce n'est pas de la science. Avec autant de raison, on pourrait renverser bout à bout les termes de la proposition. Il faut être bien pauvre d'arguments positifs pour en venir à accuser bruyamment d'*illogisme*, de *rudesse des mœurs*, de *superstition* et de *décadence* des gens qui n'ont d'autre tort que de penser, sur certains points, autrement que l'auteur.

De là à rétablir l'Inquisition à rebours, il n'y a qu'un pas.

En fait, nos divers modes de connaissance s'entr'-aident, se complètent pour nous permettre d'arriver à acquérir la plus grande somme possible de vrai. Mais le développement d'aucun d'eux ne peut gêner, condamner ou seulement restreindre le voisin.

Quand une science en condamne une autre, c'est qu'au moins l'une des deux est sortie de son domaine.

« L'interdit des positivistes frappe donc les usurpations de la métaphysique et ses empiétements sur le domaine des sciences : mais il n'atteint en rien la vraie métaphysique, celle qui s'en tient à son problème propre » (Fouillée, A, 6).

Chaque science ignore l'objet des autres.

L'homme seul, dans son unité personnelle, peut les connaître et les utiliser toutes.

La science, dit Draper (163), « demande seulement le droit, qu'elle accorde si volontiers aux autres, de se choisir son propre critérium à elle-même ». Rien de plus juste. Qu'on laisse la Biologie « se choisir son propre critérium »; mais qu'à son tour elle « accorde volontiers » ce droit aux autres sciences, même à la théologie.

Si l'on me permet un mot dont on a beaucoup usé dans ces derniers temps, j'appellerai ma théorie *la théorie de l'action parallèle* des diverses sciences.

Oui, ce sont là des parallèles qui ne doivent jamais se croiser ou se couper, qui ne peuvent se rencontrer qu'à l'infini, c'est-à-dire lors de la connaissance absolue, complète et définitive de la vérité : ce qui n'est pas de ce monde.

Vous voyez que cette « marche parallèle » n'est pas l' « ordre dispersé » avec lequel on ne peut aboutir à rien. L'esprit humain fait l'unité, centralise, empêche l' « anarchie » de ces diverses sciences.

Fouillée l'a très bien dit (A, 29) : « les sciences, diverses pour les objets qu'elles étudient, nombre, étendue, corps, êtres vivants, ont leur unité dans le sujet pensant ».

C'est là le vrai *monisme*, donnant satisfaction à la raison humaine qui, selon une définition remontant à saint Augustin, « est une force orientée vers l'unité » (Naville, 10).

Je n'ai pas besoin d'insister pour montrer combien larges et libérales sont ces idées, d'ailleurs vieilles comme le monde.

J'ai déjà cité Stuart Mill se plaignant « de l'obstination des positivistes à ne vouloir laisser aucune porte ouverte ». Nous, nous laissons ouvertes les portes et les fenêtres ; mais elles sont percées dans des murailles solides, qui limitent les territoires.

Sans discuter ici la hiérarchisation des diverses sciences et l'hégémonie de telle ou telle, disons que chacune est et doit rester maîtresse chez elle.

Elles ne doivent prendre « aucun ombrage » les unes des autres, « de leurs progrès, de leurs conquêtes ». « Une vérité n'a rien à craindre d'une autre vérité ». Les sciences doivent se reconnaître mutuellement « la pleine liberté de leurs méthodes », accepter mutuellement « leurs résultats sans mesquines chicanes, quand même ces résultats dérangeraient » ou paraîtraient déranger « quelques-unes des conceptions idéales de notre esprit » (Caro, cit. Blum, 567).

Et ainsi, en montrant les limites de la Biologie, je n'ai en rien diminué ni restreint la portée et le développement ultérieurs indéfinis de cette magnifique science.

Je me suis contenté de marquer ce qui ne lui appartient pas, ce qu'elle ne peut pas étudier.

Ce n'est certes pas restreindre la physique que de montrer où commence la chimie ; ce n'est pas restreindre les mathématiques que de montrer où commence la science expérimentale.

De même, ce n'est pas restreindre la Biologie que de montrer ses limites naturelles.

C'est au contraire la défendre contre certaines attaques.

On ne pourra plus l'accuser jamais de faire banqueroute, puisqu'elle n'a trompé l'attente que de ceux qui lui demandaient de sortir de son domaine [1].

« Toute usurpation d'une science sur un domaine étranger aboutira nécessairement à des déconvenues » (Fouillée, B, xxxi).

Mais la science qui n'essaie pas d'usurper ne risque ni désillusion ni déception.

De cet exposé et de cette discussion la Biologie me paraît donc sortir plus grande, plus forte, plus précise, avec un avenir de progrès indéfini pour continuer et compléter les grandes découvertes antérieures.

En même temps j'ai essayé de répondre à la question de Liard que j'ai déjà citée plus haut : doit-on dire que les trois solutions — théologique, métaphysique, positive — qui s'excluent mutuellement sur une même question, ne peuvent coexister sur des questions d'ordre essentiellement différent?

Je crois avoir nettement répondu et établi qu'elles peuvent parfaitement coexister, se compléter même, et qu'on ne doit pas (pour emprunter encore une expression de Liard) déclarer mal faits ou malades les cerveaux où elles se produisent ensemble, sans toutefois se mêler et se confondre.

Par là même je crois également avoir réfuté la loi des trois états d'Auguste Comte, montrant que ce ne

1. « Ce sont les hommes qui parlent au nom de la Science qui peuvent faire faillite ou même banqueroute frauduleuse. Quant à la Science, elle est infaillible, *infaillitable* » (W. de Fonvielle, in Salisbury, vii).

sont pas là trois états successifs de nos connaissances.

Ce sont trois ordres de connaissances qui existent logiquement ensemble dans l'esprit humain.

« La religion, la philosophie et la science ne sont pas trois manières consécutives de résoudre le même problème » (Secrétan, 64).

Les sciences particulières sont nées non « pas du démembrement de l'objet spécial de la métaphysique, mais du discernement graduel de deux ordres de réalités : d'une part les effets et les conséquences, d'autre part les causes et les principes. Ce qu'elles se partagent entre elles, c'est le monde des phénomènes ; elles ne touchent pas, encore moins l'entament-elles, au monde des principes : leur constitution progressive a donc pour résultat, non pas de diminuer peu à peu, mais de délimiter avec une rigueur croissante l'objet de la métaphysique » (Liard, B, 55).

Donc, ce qui a varié aux diverses époques [1], ce qui a évolué et changé, c'est la délimitation respective des trois modes de penser, c'est l'hégémonie abusive qui a passé successivement à chacun de ces trois modes de connaissances.

Au début, la théologie a tout dominé ; puis la métaphysique a envahi. Aujourd'hui la science positive, la Biologie, veut envahir à son tour.

Le moment est venu de mettre chacun à sa place.

Au risque d'être traité de Guelfe par les Gibelins et de Gibelin par les Guelfes, il faut assigner ses limites

---

1. Le positivisme « faisait d'une hypothèse historique, la prétendue loi des *trois états de l'esprit humain*, un dogme qui le dispensait de l'étude de l'esprit humain lui-même. Mais, alors même que la succession de ces états ne serait pas une chimère, il aurait fallu apporter la preuve que l'état *positif* était vraiment le dernier et définitif : induction arbitraire » (Renouvier, 417).

à chaque science, sans permettre de tyrannie et sans demander de servilisme à aucune.

Nec ancilla nec domina peut devenir la devise de toutes.

Je ne crois pas faire ainsi de la « concentration rétrograde » ou manquer de cette « parfaite cohérence logique et mentale » dont le positivisme voudrait avoir le monopole (Lévy-Bruhl, 396).

Avant de terminer, on permettra à un vieux Montpellierain, amoureux entêté de son *alma mater*, de montrer combien cette grande conception de la Biologie reproduit simplement nos traditionnelles doctrines *vitalistes*.

L'idée vitaliste [1] est au fond et simplement celle-ci : les lois de la vie et des êtres vivants ont leur autonomie et leur individualité propres ; on ne peut les confondre ni avec les lois physicochimiques ni avec les lois du psychisme supérieur, de la morale et de la métaphysique ; la Biologie est une science distincte, qu'il faut séparer, d'un côté de la physicochimie, de l'autre de la métaphysique ; elle est indéfinie dans son programme personnel, elle est limitée par les autres sciences avec lesquelles il ne faut pas la confondre.

Voilà l'idée fondamentale du vitalisme. On voit que c'est précisément l'idée que je viens de développer en essayant de préciser les limites de la Biologie.

1. Voir mes études : 1° Sur *la Vie et la maladie* (1877) en tête des trois premières éditions de mes *Maladies du système nerveux*; 2° Sur *le Professeur Chauffard et ses doctrines* dans le *Montpellier médical* (1877, XXXVIII, 340 et XXXIX, 338 ; 1878, XL, 544 ; 1879, XLII, 255); 3° Sur *les Vieux dogmes cliniques devant la Pathologie microbienne*, à la fin de la quatrième édition de mes *Maladies du système nerveux*; 4° Sur *l'Évolution médicale en France au* XIX° *siècle* (1899), dans les Comptes rendus du V° Congrès français de Médecine à Lille (Discours d'ouverture).

On remarquera que je ne prononce ici aucun des mots de *principe vital* ou de *force vitale*, qui ont été l'objectif et le bouc émissaire de toutes les discussions contre le vitalisme montpellierain, les uns raillant, les autres discutant sérieusement[1], tous s'attaquant à la question du *double dynamisme*, à la question de l'existence substantielle et indépendante du principe de la vie, question qui appartient à la métaphysique et non à la Biologie.

Barthez, qui symbolise glorieusement notre vitalisme (comme sa statue garde la porte de notre École), Barthez n'a jamais voulu traiter que la question biologique, nous dirions aujourd'hui la question positive; il s'est toujours refusé à étudier la question métaphysique[2], laissant ce soin à d'autres.

Il ne pouvait d'ailleurs pas faire autrement, lui, dont le « moyen de réforme fut l'introduction de la philosophie inductive dans la médecine... Cette méthode, rajeunie par Bacon, qui en avait fait un nouvel instrument de progrès... parut à Barthez le meilleur moyen de tirer la médecine du joug des théories où elle se débattait et de la remettre dans le courant naturel des progrès dont les sciences physiques et naturelles donnaient l'exemple » (Bouisson, 671).

Une pareille méthode ne pouvait conduire qu'à des résultats expérimentaux, ne préjugeant rien des solutions métaphysiques possibles. La chose est bien mise en lumière dans le passage suivant de Barthez qui est capital et a en quelque sorte une valeur historique.

« La philosophie naturelle a pour objet la recherche

---

1. Voir notamment Max Verworn, 47, et le remarquable ouvrage du R. P. Marie-Thomas Coconnier, 235 et suiv.

2. S'il parait avoir abordé parfois cette question, c'est surtout par impropriété de langage. En tout cas, ce ne sont pas plus ces passages qui fixent sa doctrine que la religion d'Auguste Comte ne doit représenter le positivisme.

des causes et des phénomènes de la nature, mais seulement *en tant qu'elles peuvent être connues par l'expérience*. L'expérience ne peut nous faire connaître en quoi consiste essentiellement l'action d'une de ces causes quelconques (comme par exemple celle du mouvement des corps qui est produit par l'impulsion) et elle ne peut manifester que l'ordre et la règle que suivent, dans leur succession, les phénomènes qui indiquent cette cause. On entend par *cause* ce qui fait que tel fait vient toujours à la suite de tel autre ; ou ce dont l'action rend nécessaire cette succession, qui est d'ailleurs supposée constante... Dans la philosophie naturelle *on ne peut connaître les causes générales que par les lois que l'expérience réduite en calcul a découvertes dans la succession des phénomènes*. On peut donner à ces causes générales, que j'appelle *expérimentales et qui ne sont connues que par leurs lois que donne l'expérience*, les noms synonymes et pareillement *indéterminés* de *principe*, de *puissance*, de *force*, de *faculté*, etc. Toute explication des phénomènes naturels ne peut en indiquer que la *cause expérimentale. Expliquer* un phénomène se réduit toujours à faire voir que *les faits qu'il présente se suivent dans un ordre analogue à l'ordre de succession d'autres faits qui sont plus familiers* et qui dès lors semblent être plus connus... Dans toute science naturelle, les hypothèses, qui ne sont pas déduites des faits propres à cette science et qui ne sont que des conjectures sur les affections possibles d'une cause occulte, doivent être regardées comme contraires à la bonne méthode de philosopher » (Cit. Beaugrand).

Voilà en quelque sorte la profession de foi du vitalisme de Barthez : c'est le nôtre [1]. C'est une doctrine

---

1. Ainsi défini, le vitalisme ne me paraît passible d'aucune des objections qu'Alfred Fouillée formule (D, 81) contre la

positive, biologique, laissant intacte et en dehors toute discussion métaphysique. Si les mots faculté, principe, force sont parfois employés, c'est pour la commodité du langage, mais dans un sens *indéterminé*, non comme la désignation ontologique d'une *cause occulte*.

On peut rapprocher de ce passage de Barthez la phrase suivante de Claude Bernard : « l'obscure notion de cause doit être reportée à l'origine des choses... elle doit faire place, dans la science, à la notion du rapport et des conditions. Le déterminisme fixe les conditions des phénomènes... » (Cit. Renan).

Voilà le vitalisme, celui dont j'ai pu dire que le XIXᵉ siècle avait conduit de sa forme philosophique et synthétique personnifiée par Barthez et par Bichat à sa forme expérimentale et analytique personnifiée par Laennec, Claude Bernard et Pasteur.

Ce vitalisme n'est autre que la Biologie telle que nous la comprenons, c'est-à-dire la Biologie se tenant chez elle, restant elle-même, également distincte de la physicochimie et de la psychologie, de la métaphysique et de la théologie, la Biologie reconnaissant qu'elle a des limites.

Ainsi comprise, la Biologie n'est ni tyrannique ni intolérante, en même temps qu'elle n'est ni asservie ni dépendante.

Elle laisse à chacun de ses disciples sa liberté de penser, de savoir et de croire en psychologie, en métaphysique et en religion, comme elle le laisse libre en mathématique et en physicochimie.

force vitale, rapprochée par lui des « forces occultes de la scolastique », de la « faculté pulsifique des artères », de « l'horreur du vide et autres » « entités érigées en causes ».

Cette doctrine, qui est celle du *libéralisme*[1] *philoso-phique*, consiste simplement à dire à la Biologie comme à chacune des autres sciences :

Ne cherchez pas à sortir de vos limites naturelles et on respectera votre domaine ;

N'empiétez pas et vous ne serez pas envahie.

Chacun chez soi !

---

1. Que le libéralisme, banni actuellement de toutes les sphères, garde au moins un refuge dans les hauteurs sereines de la science et de la philosophie !

Montpellier, 15 octobre 1901.

INDEX BIBLIOGRAPHIQUE

ADAM (Paul). L'erreur des assassins, *Le Journal*, 21 mars 1901.
ART (G.). Voir : NIETZSCHE.

BARNI. Voir : KANT.
BARTHEZ. Nouveaux éléments de la science de l'homme, 1878. Cit. BEAUGRAND.
BAYLAC. Le problème du mal d'après M. Renouvier, *Bulletin de littér. ecclésiast.*, février 1901.
BEAUGRAND. Article Barthez, in *Dictionn. encyclop. des sc. médicales*, 1868, t. VIII, p. 383.
BEDDOES. Observations sur la nature de l'évidence démonstrative. Cit. LOUIS LIARD, A.
BERGSON (Henri). Essai sur les données immédiates de la conscience, 3ᵉ édit., 1901, Paris, F. Alcan.
BERTHELOT. La science et la morale. *Revue de Paris*, 1895.
BINET. La psychologie du raisonnement, Recherches expérimentales par l'hypnotisme, 2ᵉ édit., 1896, Paris, F. Alcan.
BINET et COURTIER. Influence de la vie émotionnelle sur le cœur, la respiration, la circulation capillaire, *Année psychol.*, t. III, 1897. Cit. SERGI.
BLUM (Eugène). Lectures de philosophie scientifique, 2ᵉ édit., 1897.
BOIS-REYMOND (Du), Ueber die Grenzen der Naturerkennens in Reden 1886.
BONNIER (Charles). Sur la morale bourgeoise, in *Devenir social*, déc. 1895. Cit. BRUNETIÈRE.
BOUGLÉ. A. La sociologie biologique et le régime des castes, *Revue philos.*, 1900, p. 337.
— B. Le procès de la sociologie biologique, *Ibid.*, 1901, t. II, p. 121.
BOUISSON. Les bienfaiteurs de l'école de Montpellier, *Montpellier médical*, 1858, t. I.
BOURDEAU (Louis). Le problème de la vie. Essai de sociologie générale, 1901, Paris, F. Alcan.

BOURGET (Paul). Etude sur Leconte de Lisle. *Œuv. complètes*, t. I, p. 339, et *Appendice L*. A propos des « Trophées », *Ibid.*, p. 361.
BOUTROUX (Emile). *A*. De l'idée de loi naturelle. Cit. BRUNETIÈRE.
— *B*. De la contingence des lois de la nature. Cit. ALFRED FOUILLÉE, Paris, F. Alcan.
BRAY (P.). Le beau dans la nature. *Revue philos.*, 1901, t. II, p. 379. Extrait d'un livre qui va paraître sous ce titre : Du beau, *Essai sur l'origine et l'évolution du sentiment esthétique*. Paris, F. Alcan.
BRIDEL (Ph.). Les bases de la morale évolutionniste. d'après M. Herbert, *Petite bibliothèque du chercheur*. 1886.
BROCHARD. La morale ancienne et la morale moderne, *Revue philos.*, 1901.
BRUNETIÈRE. *A*. La moralité de la doctrine évolutive, 1896.
— *B*. La renaissance de l'idéalisme. 1896.
— *C*. Question de morale, in *Essais de critique*.
— *D*. Nouvelles questions de critique, 1890.
— *E*. Manuel de l'histoire de la littérature française. 1898.
BUCHNER (Louis). Force et matière. Cit. ERNEST NAVILLE.

CARO (E.). *A*. Le matérialisme et la science. Cit. EUGÈNE BLUM.
— *B*. M. Littré et le positivisme. Cit. EUGÈNE BLUM.
CAZELLES. Voir : STUART MILL.
CLAPARÈDE (Dr Ed.). Les animaux sont-ils conscients? *Revue philos.*, 1901, t. I, p. 481.
COCONNIER (R. P. MARIE-THOMAS). L'âme humaine ; existence et nature, 1890.
COURTIER (BINET et). Voir : BINET.

DELAGE. *Revue scientif.*, 23 mai 1896. Cit. LE DANTEC. B.
DELBŒUF. *A*. La matière brute et la matière vivante. 1887, Paris. F. Alcan.
— *B*. Recherches théoriques et expérimentales sur la mesure des sensations, *Mém. de l'acad. de Belgique*, 1873, Cit. RIBOT, B.
— *C*. La mesure des sensations. *Revue scientifique*, 1875, p. 1089.
— *D*. Théorie générale de la sensibilité. *Acad. des sc. de Belgique*, *Revue scientif.*, 1875. p. 97.
DRAPER. Les conflits de la science et de la religion, 10e édit., 1900, Paris, F. Alcan.
DUBOIS (Raphaël). Discours prononcé à l'inauguration de la statue de Claude Bernard à Lyon.
DUCLAUX (E.). Sociologie et biologie, *Revue scientif.*. 30 déc. 1899, t. XII, p. 833.
DUGAS. Analyse psychologique de l'idée de devoir, *Revue philos.*, 1897, t. II, p. 390.
DUMAS (J.-B.). Eloges académiques. Cit. EUGÈNE BLUM.
DUNAN. *A*. Les principes de la morale. *Revue philos.*, mars et avril 1901.
— *B*. La nature des corps, *Revue de métaphys. et de morale*, mai 1898. Cit. LOUIS BOURDEAU.
DUPRAT (G.-L.). La morale. Fondements psychologiques d'une conduite rationnelle, *Biblioth. internat. de psychol. expériment. norm. et pathol.*, 1901.

DURKHEIM. De la division du travail social, 1893, 2ᵉ édit., 1902, Paris, F. Alcan. Cit. G.-L. Duprat.

ESPINAS. Être ou ne pas être ou du postulat de la sociologie, *Revue philos.*, 1901, t. 1, p. 449.

FAGUET (Emile). *A.* Auguste Comte, in *Politiques et moralistes du XIXᵉ siècle*, 1898.
— *B.* Dix-neuvième siècle, 1896.
FECHNER. Elemente der Psychophysik, 1860. Cit. Ribot, b.
FONSEGRIVE (George). Essai sur le libre arbitre, sa théorie et son histoire, 2ᵉ édit., 1896, Paris, F. Alcan.
FONVIELLE (W. de). Voir : Salisbury.
FOUCAULT (Marcel). La psychophysique, 1901, Paris, F. Alcan.
FOUILLÉE (Alfred). *A.* L'avenir de la métaphysique fondée sur l'expérience, 1889, Paris, F. Alcan.
— *B.* Le mouvement idéaliste et la réaction contre la science positive, 1896, Paris, F. Alcan.
— *C.* La psychologie des idées forces, Paris, F. Alcan.
— *D.* Le mouvement positiviste et la conception sociologique du monde, 1896, Paris, F. Alcan.
— *E.* La philosophie de Platon. Cit. Louis Liard, a.
— *F.* L'enseignement au point de vue national. Cit. Eugène Blum.
FOURNIÈRE (Eugène). Essai sur l'individualisme, Paris, F. Alcan, 1901.
FOVEAU DE COURMELLES (Dʳ). L'esprit scientifique contemporain, 2ᵉ édit., 1899.
FRANCE (Anatole). *A.* Le jardin d'Epicure. Cit. Alfred Fouillée.
— *B.* La morale et la science, *La vie littéraire*, 3ᵉ série, 1899.

GAUTIER (Armand). Les manifestations de la vie dérivent-elles des forces matérielles? *Revue générale des sciences*, 15 avril 1897.
GOBLOT (Edmond). Essai sur la classification des sciences, *Biblioth. de philos. contemp.*, 1898.
GOURMONT (Remy de). *A.* La culture des idées. Cit. Palante.
— *B.* Le succès et l'idée de beauté, *Mercure de France*, août 1901, p. 291.
GRIVEAU (Maurice). Une nouvelle conception de la beauté, *Revue génér. internat.*, avril 1897. Cit. Dʳ Foveau de Courmelles.
GUIZOT. L'histoire de France racontée à mes petits enfants. Lettre aux éditeurs. Cit. Naville.

HAECKEL (Ernest). Le monisme, lien entre la religion et la science. Profession de foi d'un naturaliste. Préf. et trad. de Vacher de Lapouge, 1897.
HALLEUX (Jean). L'évolutionnisme en morale. Étude sur la philosophie de Herbert Spencer, 1901, Paris, F. Alcan.
HÉDON. Voir : Verworn.
HERBERT SPENCER. *A.* Les bases de la morale évolutionniste, *Biblioth. scientif. internat.*, 6ᵉ édit., 1880, Paris, F. Alcan.
— *B.* Principes de sociologie, Paris, F. Alcan, Cit. Goblot, Naville.
— *C.* Principes de Psychologie, Paris, F. Alcan. Cit. Eugène Blum.

HERZEN. Causeries physiologiques, 1890, Paris, F. Alcan.
HUXLEY. *A.* Zukunft. 31 mars 1894. Cit. BOUGLÉ, B.
— *B.* Les problèmes de la biologie. Cit. EUGÈNE BLUM.

KANT. Critique de la raison pure, trad. BARNI. Cit. LOUIS LIARD, *B.*
KELSCH. Discours prononcé à l'inauguration de la statue de Claude Bernard, à Lyon.
KIRWAN (de). Où en est l'évolutionnisme? *Revue Thomiste,* 1901, t. IX, p. 379.

LACHELIER. Du fondement de l'induction, suivi de Psychologie et métaphysique, 3e édit., 1898, Paris, F. Alcan.
LAFFITTE (Pierre). Discours d'ouverture du Cours sur l'histoire générale des sciences. 1892. Cit. ERNEST NAVILLE.
LANSON. La littérature et la science, *Hommes et livres; études morales et littéraires,* 1895.
LAPOUGE (VACHER de). Voir : HAECKEL.
LE DANTEC (Félix). *A.* L'individualité et l'erreur individualiste, 1898, Paris, F. Alcan.
— *B.* Le déterminisme biologique et la personnalité consciente, 1897, Paris, F. Alcan.
— *C.* Théories nouvelles de la vie. 2e édit., Paris, F. Alcan.
— *D.* Le Conflit. Entretiens philosophiques, 1901.
— *E.* L'unité dans l'être vivant. *Essai d'une biologie chimique,* 1902, Paris, F. Alcan.
LEMAITRE (Jules). *A.* Discours prononcé à l'Académie française à la réception de Berthelot, le 2 mai 1901.
— *B.* Les contemporains. 4e série.
— *C.* Les contemporains. 1re série, 1896.
LÉVY-BRUHL. La philosophie d'Auguste Comte, 1900, Paris, F. Alcan.
LIARD (Louis). *A.* Des définitions géométriques et des définitions empiriques, Paris, F. Alcan.
— *B.* La science positive et la métaphysique, 4e édit., 1898, Paris, F. Alcan
— *C.* Logique. 4e édit., 1897.
LITTRÉ. *A.* La philosophie positive. Cit. LOUIS LIARD, B.
— *B.* Auguste Comte et la philosophie positive. Cit. E. CARO, B.

MAC LOOD. Principles of economical philosophy. 2e édit., 1873, Cit. GOBLOT.
MARÉCHAL (Dr Ph.). Supériorité des animaux sur l'homme, 1900.
MAZEL. La synergie sociale. Cit. PALANTE.
MICHELI (J.-L.). Deux lettres sur les missions. 1860. Cit. ERNEST NAVILLE.
MILHAUD. *A.* Essai sur les conditions et les limites de la certitude logique, 2e édit., 1898, Paris, F. Alcan.
— *B.* Le rationnel. études complémentaires à l'essai sur la certitude logique, 1898, Paris, F. Alcan.
MILL (Stuart). Voir : STUART MILL.
MOIGNO (Abbé). Voir : TYNDALL.

NAVILLE (Ernest). Le libre arbitre. Etude philosophique, 1898, Paris, F. Alcan.

NIETZSCHE (Frédéric). Par delà le bien et le mal. Trad. française de
  L. Weiscopf et G. Art, 1898.
NOVICOW. A. Les luttes entre les sociétés humaines et leurs phases
  successives, 1896, Paris, F. Alcan.
— B. Les castes et la sociologie biologique, *Revue philos..* 1900. t. II, p. 361.
— C. Annales de l'institut internat. de sociologie, t. V. Cit. Bouglé, B.

PALANTE. Précis de sociologie, 1901, Paris, F. Alcan.
PELLISSIER (Georges). Le mouvement littéraire au XIXᵉ siècle.
PERRIER (Ed.). Les colonies animales. Cit. Eugène Blum.

QUATREFAGES (de). Les émules de Darwin, Paris, F. Alcan.

REGNAUD (Paul). Précis de logique évolutionniste. L'entendement dans
  les rapports avec le langage, Paris, F. Alcan.
REMY DE GOURMONT. Voir : Gourmont (Remy de).
RENAN (Ernest). Discours de réception à l'Académie française en rem-
  placement de Claude Bernard.
RENOUVIER. A. Histoire et solution des problèmes métaphysiques, 1901,
  Paris, F. Alcan.
— B. La nouvelle monadologie, 1899. Cit. Baylac.
— C. Science de la morale.
RIBOT (Ch.). A. L'évolution des idées générales, 1897, F. Alcan.
— B. La psychologie physiologique en Allemagne, *Revue scient..* 1874, p. 553.
— C. La psychologie allemande contemporaine, Paris, F. Alcan. M. Wilhelm
  Wundt, p. 723 et 751.
— D. La psychologie anglaise contemporaine : 2ᵉ édit., Paris, F. Alcan.
  Cit. Louis Liard. B, Eugène Blum.

SALISBURY (Marquis de). Les limites actuelles de la science. Discours
  présidentiel prononcé le 8 août 1894 devant la *Brit'sh Association* dans
  sa session d'Oxford. Trad. W. de Fonvielle, 1895.
SCHOPENHAUER. Essai sur le libre arbitre, Paris, F. Alcan. Cit.
  Ernest Naville.
SECRÉTAN (Ch.). Le principe de la morale, 2ᵉ édit., 1893.
SERGI. Les émotions, *Bibliot. internat. de psychol. expériment. normale
  et pathol.*, 1901. — Edition française du volume italien : la Douleur et
  le Plaisir ; histoire naturelle des sentiments.
SOURY (Jules). Science et religion, *L'Action française*, 15 avril 1901.
SPENCER (Herbert). Voir : Herbert Spencer.
STUART MILL. A. Philosophie de Hamilton. Trad. Cazelles. Cit. Mil-
  haud, A. — B. Système de logique, Paris, F. Alcan. Cit. Louis Liard,
  A,B, Eugène Blum.

TARDE. Les lois de l'imitation. Paris. F. Alcan. Cit. Goblot.
THOULET. La vie des minéraux. *Revue scientif.*, 1885, 3ᵉ série. t. IX.
TYNDALL (John). Le rôle scientifique de l'imagination. Appendice à *la
  Lumière*. Trad. Moigno. Cit. Eugène Blum.

VACHER DE LAPOUGE. Voir : Haeckel.
VERWORN (Max). Physiologie générale. Trad. Hedon, 1900.

WEBER (Jean). Une étude réaliste de l'acte et de ses conséquences morales, *Revue de métaphys. et de morale*, 1894. Cit. ALFRED FOUILLÉE, B

WEISCOPF (L.). Voir : NIETZSCHE.

WEISS. *Revue contempor.*, 15 août 1858. Cit. BRUNETIÈRE.

WUNDT. A. Vorlesungen über die Menschen und Thierseele, 1863. — Beiträge zur Theorie der Sinneswahrnehmng, 1862. — Grundzüge der physiologischen Psychologie. 1871. Cit. RIBOT, c.

— B. Lettre, *Revue Scient.*, 1875, p. 1014.

TABLE DES MATIÈRES

Coulommiers. — Imp. Paul BRODARD. — 1117-1901.

Juillet 1901

FÉLIX ALCAN, ÉDITEUR

ANCIENNE LIBRAIRIE GERMER BAILLÈRE ET Cie

108, Boulevard Saint-Germain, 108, Paris, 6e.

EXTRAIT DU CATALOGUE

SCIENCES — MÉDECINE — HISTOIRE — PHILOSOPHIE

BIBLIOTHÈQUE SCIENTIFIQUE INTERNATIONALE

Volumes in-8 en élégant cartonnage anglais. — Prix : 6 fr.

95 VOLUMES PARUS

1. J. TYNDALL. Les glaciers et les transformations de l'eau, 7e éd., illustré.
2. W. BAGEHOT. Lois scientifiques du développement des nations, 6e édition.
3. J. MAREY. La machine animale, locomotion terrestre et aérienne, 6e édition, illustré.
4. A. BAIN. L'esprit et le corps considérés au point de vue de leurs relations, 6e édition.
5. PETTIGREW. La locomotion chez les animaux, 2e éd., ill.
6. HERBERT SPENCER. Introd. à la science sociale, 12e édit.
7. OSCAR SCHMIDT. Descendance et darwinisme, 6e édition.
8. H. MAUDSLEY. Le crime et la folie, 7e édition.
9. VAN BENEDEN. Les commensaux et les parasites dans le règne animal, 4e édition, illustré.
10. BALFOUR STEWART. La conservation de l'énergie, 6e éd., illustré.
11. DRAPER. Les conflits de la science et de la religion, 10e éd.
12. Léon DUMONT. Théorie scientifique de la sensibilité, 4e éd.
13. SCHUTZENBERGER. Les fermentations, 6e édition, illustré.
14. WHITNEY. La vie du langage, 4e édition.
15. COOKE et BERKELEY. Les champignons, 4e éd., illustré.
16. BERNSTEIN. Les sens, 5e édition, illustré.
17. BERTHELOT. La synthèse chimique, 8e édition.
18. NIEWENGLOWSKI. La photographie et la photochimie, illustré.
19. LUYS. Le cerveau et ses fonctions, 7e édition, illustré.
20. W. STANLEY JEVONS. La monnaie et le mécanisme de l'échange, 5e édition.
21. FUCHS. Les volcans et les tremblements de terre, 5e éd.
22. GÉNÉRAL BRIALMONT. La défense des États et les camps retranchés, 3e édition, avec fig. (épuisé).
23. A. DE QUATREFAGES. L'espèce humaine, 13e édition.
24. BLASERNA et HELMHOLTZ. Le son et la musique, 5e éd.
25. ROSENTHAL. Les muscles et les nerfs, 3e édition (épuisé).

26. BRUCKE et HELMHOLTZ. **Principes scientifiques des beaux-arts**, 4e édition. illustré.
27. WURTZ. **La théorie atomique**, 8e édition.
28-29. SECCHI (Le Père). **Les étoiles**, 3e édition, illustré.
30. N. JOLY. **L'homme avant les métaux**, 4e édit. (épuisé).
31. A. BAIN. **La science de l'éducation**, 4e édition.
32-33. THURSTON. **Histoire de la machine à vapeur**. 3e éd.
34. R. HARTMANN. **Les peuples de l'Afrique**, 2e édit. (épuisé).
35. HERBERT SPENCER. **Les bases de la morale évolutionniste**, 7e édition.
36. Th.-H. HUXLEY. **L'écrevisse, introduction à l'étude de la zoologie**, 2e édition, illustré.
37. DE ROBERTY. **La sociologie**, 3e édition.
38. O.-N. ROOD. **Théorie scientifique des couleurs et leurs applications à l'art et à l'industrie**, 2e édition, illustré.
39. DE SAPORTA et MARION. **L'évolution du règne végétal**. *Les cryptogames*, illustré.
40-41. CHARLTON-BASTIAN. **Le cerveau et la pensée**. 2e éd. 2 vol. illustrés.
42. JAMES SULLY. **Les illusions des sens et de l'esprit**, 3e éd., ill.
43. YOUNG. **Le Soleil**, illustré (*épuisé*).
44. A. DE CANDOLLE. **Origine des plantes cultivées**, 4e édit.
45-46. J. LUBBOCK. **Les Fourmis, les Abeilles et les Guêpes**. 2 vol. illustrés (épuisés).
47. Ed. PERRIER. **La philos. zoologique avant Darwin**, 3e éd.
48. STALLO. **La matière et la physique moderne**, 3e édition.
49. MANTEGAZZA. **La physionomie et l'expression des sentiments**, 3e édit., illustré avec 8 pl. hors texte.
50. DE MEYER. **Les organes de la parole**, illustré.
51. DE LANESSAN. **Introduction à la botanique**. *Le sapin*. 2e édit., illustré.
52-53. DE SAPORTA et MARION. **L'évolution du règne végétal**. *Les phanérogames*. 2 volumes illustrés.
54. TROUESSART. **Les microbes, les ferments et les moisissures**, 2e éd., illustré.
55. HARTMANN. **Les singes anthropoïdes**, illustré.
56. SCHMIDT. **Les mammifères dans leurs rapports avec leurs ancêtres géologiques**, illustré.
57. BINET et FÉRÉ. **Le magnétisme animal**, 4e éd., illustré.
58-59. ROMANES. **L'intelligence des animaux**. 2 vol., 2e éd.
60. F. LAGRANGE. **Physiologie des exercices du corps**. 7e éd.
61. DREYFUS. **L'évolution des mondes et des sociétés**. 3e éd.
62. DAUBRÉE. **Les régions invisibles du globe et des espaces célestes**, illustré, 2e édition.
63-64. SIR JOHN LUBBOCK. **L'homme préhistorique**. 4e édition, 2 volumes illustrés.
65. RICHET (Ch.). **La chaleur animale**, illustré.
66. FALSAN. **La période glaciaire**, illustré (épuisé).
67. BEAUNIS. **Les sensations internes**.
68. CARTAILHAC. **La France préhistorique**, illustré. 2e éd.
69. BERTHELOT. **La révolution chimique, Lavoisier**, illustré.
70. SIR JOHN LUBBOCK. **Les sens et l'instinct chez les animaux**, illustré.

71. STARCKE. La famille primitive.
72. ARLOING. Les virus, illustré.
73. TOPINARD. L'homme dans la nature, illustré.
74. BINET. Les altérations de la personnalité.
75. A. DE QUATREFAGES. Darwin et ses précurseurs français. 2ᵉ éd.
76. LEFÈVRE. Les races et les langues.
77-78. A. DE QUATREFAGES. Les émules de Darwin. 2 vol.
79. BRUNACHE. Le centre de l'Afrique, autour du Tchad, illustré.
80. A. ANGOT. Les aurores polaires, illustré.
81. JACCARD. Le pétrole, l'asphalte et le bitume, illustré.
82. STANISLAS MEUNIER. La géologie comparée, illustré.
83. LE DANTEC. Théorie nouvelle de la vie, illustré. 2ᵉ éd.
84. DE LANESSAN. Principes de colonisation.
85. DEMOOR, MASSART et VANDERVELDE. L'évolution régressive en biologie et en sociologie, illustré.
86. G. DE MORTILLET. Formation de la nation française, 2ᵉ édition, illustré.
87. G. ROCHÉ. La culture des mers en Europe. (*Piscifacture, pisciculture, ostréiculture*), illustré.
88. J. COSTANTIN. Les végétaux et les milieux cosmiques. (*Adaptation, évolution*), illustré.
89. LE DANTEC. Évolution individuelle et hérédité.
90. E. GUIGNET et E. GARNIER. La céramique ancienne et moderne, illustré.
91. E.-M. GELLÉ. L'audition et ses organes, illustré.
92. STANISLAS MEUNIER. La géologie expérimentale, ill.
93. J. COSTANTIN. La nature tropicale, illustré.
94. E. GROSSE. Les débuts de l'art, illustré.
95. J. GRASSET. Les maladies de l'orientation et de l'équilibre, illustré.

COLLECTION MÉDICALE

ÉLÉGANTS VOLUMES IN-12, CARTONNÉS A L'ANGLAISE, A 4 ET A 3 FRANCS

Le Phtisique et son traitement hygiénique, par le Dʳ E.-P. Léon-Petit, médecin de l'hôpital d'Ormesson, avec 20 gravures. 2ᵉ éd. (*Couronné par l'Académie de médecine.*) 4 fr.
Hygiène de l'alimentation dans l'état de santé et de maladie, par le Dʳ J. Laumonier, avec gravures. 2ᵉ éd. 4 fr.
L'alimentation des nouveau-nés. *Hygiène de l'allaitement artificiel,* par le Dʳ S. Icard, avec 60 gravures, 2ᵉ édit. (*Couronné par l'Académie de médecine.*) 4 fr.
La mort réelle et la mort apparente, diagnostic et traitement de la mort apparente, par le Dʳ S. Icard, avec gravures. 4 fr.
L'hygiène sexuelle et ses conséquences morales, par le Dʳ S. Ribbing, prof. à l'Univ. de Lund (Suède). 2ᵉ édit. 4 fr.
Hygiène de l'exercice chez les enfants et les jeunes gens, par le Dʳ F. Lagrange, lauréat de l'Institut. 7ᵉ édit. 4 fr.
De l'exercice chez les adultes, par le même. 4ᵉ édition. 4 fr.

Hygiène des gens nerveux, par le Dr LEVILLAIN. 4e édition,
avec gravures.   4 fr.

L'idiotie. *Psychologie et éducation de l'idiot,* par le Dr J. VOISIN,
médecin de la Salpêtrière, avec gravures.   4 fr.

La famille névropathique, *Hérédité, prédisposition morbide,
dégénérescence,* par le D^r CH. FÉRÉ, médecin de Bicêtre, avec
gravures. 2e éd.   4 fr.

L'éducation physique de la jeunesse, par A. MOSSO, pró-
fess. à l'Univers. de Turin. Préface du Commandant LEGROS. 4 fr.

Manuel de percussion et d'auscultation, par le Dr P. SIMON,
professeur à la Faculté de médecine de Nancy, avec grav. 4 fr.

**Éléments d'anatomie et de physiologie génitales et
obstétricales,** par le Dr A. POZZI, professeur à l'école de médecine de Reims, avec 219 gravures.   4 fr.

Manuel théorique et pratique d'accouchements, par le
Dr A. POZZI, avec 138 gravures. 3e édition.   4 fr.

Le traitement des aliénés dans les familles, par le
Dr FÉRÉ, médecin de Bicêtre. 2e édition.   3 fr.

Morphinisme et Morphinomanie, par le Dr PAUL RODET.
(Couronné par l'Académie de médecine.)   4 fr.

La fatigue et l'entraînement physique, par le D^r PH. TISSIÉ,
avec gravures, préface de M. le prof. BOUCHARD.   4 fr.

**Les maladies de la vessie et de l'urèthre chez la
femme,** par le Dr KOLISCHER, trad. de l'allemand par le D^r
BEUTTNER, de Genève, avec gravures.   4 fr.

L'idiotie, par le Dr J. VOISIN, avec gravures.   4 fr.

L'éducation rationnelle de la volonté, son emploi thérapeutique, par le Dr PAUL-EMILE LÉVY, préface de M. le prof.
BERNHEIM. 2e édition.   4 fr.

L'instinct sexuel. *Évolution, dissolution,* par le D^r CH. FÉRÉ,
médecin de Bicêtre.   4 fr.

La profession médicale. *Ses devoirs, ses droits,* par le D^r
G. MORACHE, professeur de médecine légale à l'Université de
Bordeaux.   4 fr.

L'hystérie et son traitement, par le Dr PAUL SOLLIER.   4 fr.

***

COURS DE MÉDECINE OPÉRATOIRE
de M. le Professeur Félix Terrier.

Petit manuel d'antisepsie et d'asepsie chirurgicales,
par les Drs FÉLIX TERRIER, professeur à la Faculté de médecine de
Paris, et M. PÉRAIRE, ancien interne des hôpitaux, avec grav. 3 fr.

Petit manuel d'anesthésie chirurgicale, par les mêmes,
avec 37 gravures.   3 fr.

L'opération du trépan, par les mêmes, avec 222 grav.   4 fr.

Chirurgie de la face, par les Drs FÉLIX TERRIER, GUILLEMAIN
et MALHERBE, avec gravures.   4 fr.

Chirurgie du cou, par les mêmes, avec gravures.   4 fr.

Chirurgie du cœur et du péricarde, par les Drs FÉLIX
TERRIER et E. RAYMOND, avec 70 gravures   3 fr.

Chirurgie de la plèvre et du poumon, par les mêmes,
avec 67 figures.   4 fr.

MÉDECINE

Extrait du catalogue, par ordre de spécialités.

A. — Pathologie et thérapeutique médicales.

AXENFELD ET HUCHARD. Traité des névroses. 2e édition,
par HENRI HUCHARD. 1 fort vol. gr. in-8.   20 fr.

**BOUCHUT ET DESPRÉS. Dictionnaire de médecine et de
thérapeutique médicales et chirurgicales,** comprenant
le résumé de la médecine et de la chirurgie, 6e édition, très augmentée. 1 vol. in-4, avec 1001 fig. dans le texte et 3 cartes. Br.
25 fr. ; relié.   30 fr.

**CORNIL ET BABÈS. Les bactéries et leur rôle dans l'anato-
mie et l'histologie pathologiques des maladies infec-
tieuses.** 2 vol. in-8, avec 350 fig. dans le texte en noir et en couleurs et 12 pl. hors texte, 3e éd. entièrement refondue, 1890.   40 fr.

DAVID. Les microbes de la bouche. 1 vol. in-8 avec gravures
en noir et en couleurs dans le texte.   10 fr.

DUCKWORTH (Sir Dyce). **La goutte,** son traitement. Trad. de l'anglais par le Dr RODET. 1 vol. gr. in-8 avec gr. dans le texte.   10 fr.

FÉRÉ (Ch.). **Les épilepsies et les épileptiques.** 1 vol. gr. in-8
avec 12 planches hors texte et 67 grav. dans le texte. 1890.   20 fr.

FÉRÉ (Ch.). **La pathologie des émotions.** In-8. 1893.   12 fr.

FINGER (E.). **La blennorrhagie et ses complications.**
1 vol. gr. in-8 avec 36 grav. et 7 pl. hors texte. Traduit de l'allemand par le docteur HOGGE. 1894.   12 fr.

FINGER (E.). **La syphilis et les maladies vénériennes,**
trad. de l'all. avec notes par les Drs SPILLMANN et DOYON. 1 vol.
in-8, avec 5 planches hors texte. 2e édit. 1900.   12 fr.

FLEURY (Maurice de). **Introduction à la médecine de
l'esprit.** 1 volume in-8. 6e éd. 1900.   7 fr. 50
— **Les grands symptômes neurasthéniques.** 1 vol.
grand in-8 avec 32 gravures, 1901.   7 fr. 50

GLÉNARD. Les ptoses viscérales (Estomac, Intestin, Reins,
Foie, Rate). 1 vol. gr. in-8, avec 224 fig. et 30 tableaux synop-
tiques.   20 fr.

HÉRARD, CORNIL ET HANOT. De la phtisie pulmonaire.
1 vol. in-8, avec fig. dans le texte et pl. coloriées. 2e éd.   20 fr.

ICARD (S.). **La femme pendant la période menstruelle,**
Étude de psychologie morbide et de médecine légale. In-8. 6 fr.

JANET (P.) ET RAYMOND (F.). **Névroses et idées fixes.**
Tome I, par P. JANET. 1 vol. in-8 avec 92 gr.   12 fr.
Tome II, par F. RAYMOND et P. JANET. in-8 avec 97 grav.   14 fr.

LAGRANGE (F.). **Les mouvements méthodiques et la « mé-
canothérapie ».** 1 vol. in-8 avec 55 grav. dans le texte.   10 fr.

**RILLIET ET BARTHEZ. Traité clinique et pratique des
maladies des enfants.** 3e édit., refondue et augmentée, par
BARTHEZ et A. SANNÉ, Tome I, 1 fort vol. gr. in-8. 16 fr. Tome II.
1 fort vol. gr. in-8. 14 fr. Tome III terminant l'ouvrage, 1 fort
vol. gr. in-8.   25 fr.

 FÉLIX ALCAN, ÉDITEUR

SOLLIER (Paul). **Genèse et nature de l'hystérie**, 2 forts
vol. in-8. 1897. 20 fr.
VOISIN (J.). **L'épilepsie**, 1 vol. in-8. 1896. 6 fr.

B. — Pathologie et thérapeutique chirurgicales.

BOVIS (de). **Le cancer du gros intestin**, *rectum excepté*.
1 vol. in-8. 5 fr.
Congrès français de chirurgie. Mémoires et discussions, pu-
bliés par MM. Pozzi et Picqué, secrétaires généraux :
  1re, 2e et 3e sessions : 1885, 1886, 1888, 3 forts vol. gr. in-8,
avec fig., chacun, 14 fr. — 4e session : 1889, 1 fort vol. gr. in-8,
avec fig., 16 fr. — 5e session : 1891, 1 fort vol. gr. in-8, avec
fig., 14 fr. — 6e session : 1892, 1 fort vol. gr. in-8, avec fig. 16 fr.
  — 7e session : 1893, 1 fort vol. gr. in-8, 18 fr. — 8e, 9e, 10e, 11e
12e et 13e sessions (1894-95-96-97-98-99), chacune. 20 fr.
DELORME. **Traité de chirurgie de guerre**. 2 vol. gr. in-8.
  Tome I, avec 95 grav. dans le texte et 1 pl. hors texte. 16 fr.
  Tome II, terminant l'ouvrage, avec 400 grav. dans le texte 26 fr.
  Ouvrage couronné par l'Académie des sciences.
JAMAIN et TERRIER. **Manuel de pathologie et de clinique
chirurgicales**. 3e édition. Tome I, 1 fort vol. in-18. 8 fr. —
Tome II, 1 vol. in-18. 8 fr. — Tome III, avec la collaboration
de MM. Broca et Hartmann, 1 vol. in-18. 8 fr. — Tome IV,
avec la collaboration de MM. Broca et Hartmann, 1 vol. in-18. 8 fr.
LABADIE-LAGRAVE et LEGUEU. **Traité médico-chirurgical de
gynécologie**, 2e éd. 1901. In-8 avec grav., cart. à l'angl. 25 fr.
LIEBREICH. **Atlas d'ophtalmoscopie**, représentant l'état nor-
mal et les modifications pathologiques du fond de l'œil vues à l'oph-
talmoscope. 3e édition, atlas in-f° de 12 planches. 40 fr.
MALGAIGNE et LE FORT. **Manuel de médecine opératoire**.
  9e édit. 2 vol. gr. in-18, avec nombreuses fig. dans le texte. 16 fr.
NIMIER et DESPAGNET. **Traité élémentaire d'ophtalmolo-
gie**. 1 fort vol. gr. in-8, avec 432 gr. Cart. à l'angl. 1894. 20 fr.
NIMIER et LAVAL. **Les projectiles de guerre** et leur
action vulnérante. 1 vol. in-12 avec grav. 3 fr.
— **Les explosifs, les poudres, les projectiles d'exercice**, leur action et leurs effets vulnérants. in-12 avec grav. 3 fr.
— **Les armes blanches**, leur action et leurs effets vulnérants.
1 vol. in-12, avec gravures. 6 fr.
— **De l'infection en chirurgie d'armée**, évolution des
blessures de guerre. 1 vol. in-12 avec gravures. 1901. 6 fr.
— **Traitement des blessures de guerre**. 1 vol. in-12
avec 52 gravures. 1901. 6 fr.
TERRIER. **Éléments de pathologie chirurgicale générale**.
  1er fascicule : *Lésions traumatiques et leurs complications*. 1 vol.
in-8. 7 fr.
  2e fascicule : *Complications des lésions traumatiques. Lésions
inflammatoires*. 1 vol. in-8. 6 fr.
TERRIER et AUVRAY. **Chirurgie du foie et des voies
biliaires**. — *Traumatismes du foie et des voies biliaires. — Foie
mobile. — Tumeurs du foie et des voies biliaires*. 1 vol. grand
in-8 avec 50 gravures. 1901. 10 fr.

TERRIER et PÉRAIRE. **Petite chirurgie de Jamain**. 8ᵉ édit. entièrement refondue. 1901. 1 fort vol. in-12 avec 572 gravures, cartonné à l'anglaise. 8 fr.

C. — Thérapeutique. Pharmacie. Hygiène.

BOSSU. **Petit compendium médical**. 1 vol. in-32, 7ᵉ édit., cart. à l'anglaise. 1 fr. 25

BOUCHARDAT (A. et G.). **Nouveau formulaire magistral**, précédé d'une Notice sur les hôpitaux de Paris, de généralités sur l'art de formuler, suivi d'un Précis sur les eaux minérales naturelles et artificielles, d'un Mémorial thérapeutique, de notions sur l'emploi des contrepoisons et sur les secours à donner aux empoisonnés et aux asphyxiés. 1900, 32ᵉ édition, revue et corrigée. 1 vol. in-18, broché, 3 fr. 50 ; cartonné, 4 fr. ; relié. 4 fr. 50

BOUCHARDAT et DESOUBRY. **Formulaire vétérinaire**, contenant le mode d'action, l'emploi et les doses des médicaments. 5ᵉ édit. 1 vol. in-18, br. 3 fr. 50, cart. 4 fr., relié. 4 fr. 50

LAGRANGE (F.). **La médication par l'exercice**. 1 vol. grand in-8, avec 68 gravures et une carte. 1894. 12 fr.

WEBER. **Climatothérapie**, traduit de l'allemand par les docteurs DOYON et SPILLMANN. 1 vol. in-8. 1886. 6 fr.

D. — Anatomie. Physiologie. Histologie.

BELZUNG. **Anatomie et physiologie végétales**. 1 fort volume in-8 avec 1700 gravures. 20 fr.

— **Anatomie et physiologie animales**. 1 fort volume in-8 avec 522 gravures dans le texte. 8ᵉ éd., revue. 6 fr., cart. 7 fr.

CORNIL, RANVIER, BRAULT et LETULLE. **Manuel d'histologie pathologique**. 3ᵉ éd. refondue. 4 vol. in-8, avec nombreuses fig. dans le texte. T. I, avec 369 grav. en noir et en couleurs. 25 fr.

L'ouvrage complet comprendra 4 volumes.

DEBIERRE. **Traité élémentaire d'anatomie de l'homme**. Anatomie descriptive et dissection, avec notions d'organogénie et d'embryologie générales. Ouvrage complet en 2 volumes : 40 fr.

Tome I, *Manuel de l'amphithéâtre*, 1 vol. in-8 de 950 pages avec 450 figures en noir et en couleurs dans le texte. 1890. 20 fr.

Tome II et dernier : 1 vol. in-8 avec 515 figures en noir et en couleurs dans le texte. 20 fr.

Ouvrage couronné par l'Académie des sciences.

FAU. **Anatomie des formes du corps humain**, à l'usage des peintres et des sculpteurs. 1 atlas in-folio de 25 planches. Prix : fig. noires, 15 fr. — Fig. coloriées. 30 fr.

LABORDE. **Les tractions rythmées de la langue**, traitement physiologique de la mort. 1 vol. in-12. 2ᵉ éd. 1897. 5 fr.

MINISTRES ET HOMMES D'ÉTAT

Volumes in-16 à 2 fr. 50

Bismarck, par HENRI WELSCHINGER.
Prim, par H. LÉONARDON.
Disraeli, par M. COURCELLE.

BIBLIOTHÈQUE GÉNÉRALE
DES SCIENCES SOCIALES

SECRÉTAIRE DE LA RÉDACTION
DICK MAY, Secrétaire général de l'École des Hautes Études sociales.

Volumes in-8° carré de 300 pages environ, cartonnés à l'anglaise.
Chaque volume, 6 fr.

L'individualisation de la peine, par R. SALEILLES, professeur à la Faculté de droit de l'Université de Paris.

L'idéalisme social, par EUGÈNE FOURNIÈRE, député.

Ouvriers du temps passé (XVᵉ et XVIᵉ siècles), par H. HAUSER, professeur à l'Université de Clermont-Ferrand.

Les transformations du pouvoir, par G. TARDE, de l'Institut, professeur au Collège de France.

Morale sociale. Leçons professées au Collège des sciences sociales par MM. G. BELOT, MARCEL BERNÈS, BRUNSCHVICG, F. BUISSON, DARLU, DAURIAC, DELBET, CH. GIDE, M. KOVALEVSKY, MALAPERT, le R. P. MAUMUS, DE ROBERTY, G. SOREL, le PASTEUR WAGNER. Préface de M. ÉMILE BOUTROUX, de l'Institut.

Les enquêtes, *pratique et théorie*, par P. DU MAROUSSEM. (*Ouvrage couronné par l'Institut.*)

Questions de morale, leçons professées à l'École de morale, par MM. BELOT, BERNÈS, F. BUISSON, A. CROISET, DARLU, DELBOS, FOURNIÈRE, MALAPERT, MOCH, D. PARODI, G. SOREL.

Le développement du catholicisme social, depuis l'encyclique *Rerum Novarum*, par MAX TURMANN.

Le socialisme sans doctrines (La question ouvrière et agraire en Australie et Nouvelle-Zélande), par A. MÉTIN, agrégé de l'Université.

L'éducation morale dans l'Université (*Enseignement secondaire*). Conférences et discussions sous la présidence de M. A. CROISET, doyen de la Faculté des lettres de l'Université de Paris. (*École des hautes études sociales, 1900-1901*).

La méthode historique appliquée aux sciences sociales, par CH. SEIGNOBOS, maître de conf. à l'Univ. de Paris.

Assistance sociale, *pauvres et mendiants*, par PAUL STRAUSS, sénateur.

BIBLIOTHÈQUE D'HISTOIRE CONTEMPORAINE
Volumes in-18 et in-8

EUROPE

HISTOIRE DE L'EUROPE PENDANT LA RÉVOLUTION FRANÇAISE, par *H. de Sybel*. Traduit de l'allemand par Mlle Dosquet. 6 vol. in-8 . . 42 fr.

HISTOIRE DIPLOMATIQUE DE L'EUROPE, DE 1815 A 1878, par *Debidour*. 2 vol. in-8 . . . . 18 fr.

LA QUESTION D'ORIENT, depuis ses origines jusqu'à nos jours, par *E. Driault*, préface de *G. Monod*. 1 vol. in-8. 2ᵉ édit. . . . . . 7 fr.

FRANCE

ANGLETERRE

ALLEMAGNE

AUTRICHE-HONGRIE

HISTOIRE DE L'AUTRICHE, depuis la mort de Marie-Thérèse jusqu'à nos jours, par *L. Asseline.* 1 vol. in-18. 3ᵉ éd. 3 50

LES TCHÈQUES ET LA BOHÉME CONTEMPORAINE, par *J. Bourlier.* 1 vol. in-18. . . . . 3 50

LES RACES ET LES NATIONALITÉS EN AUTRICHE-HONGRIE, par *B. Auerbach.* 1 vol. in-8. . . . . 5 fr.

ESPAGNE

HISTOIRE DE L'ESPAGNE, depuis la mort de Charles III jusqu'à nos jours, par *H. Reynald.* 1 vol. in-18 . . . . 3 50

RUSSIE

HISTOIRE CONTEMPORAINE DE LA RUSSIE, depuis la mort de Paul Iᵉʳ jusqu'à l'avènement de Nicolas II, par *M. Créhange.* 1 vol. in-18, 2ᵉ éd. 3 50

SUISSE

HISTOIRE DU PEUPLE SUISSE, par *Daendliker,* précédée d'une Introduction par *Jules Favre.* 1 vol. in-8. . . . . 5 fr.

AMÉRIQUE

HISTOIRE DE L'AMÉRIQUE DU SUD, par *Alf. Deberle.* 1 vol. in-18. 3ᵉ éd., revue par *A. Milhaud.* 1897. . . . . 3 50

ITALIE

HISTOIRE DE L'UNITÉ ITALIENNE (1815-1870), par *Bolton King.* Traduit de l'anglais par Macquart, introduction de *Yves Guyot.* 2 vol. in-8. 15 fr.

HISTOIRE DE L'ITALIE, depuis 1815 jusqu'à la mort de Victor-Emmanuel, par *E. Sorin.* 1 vol. in-18 . . . . 3 50

BONAPARTE ET LES RÉPUBLIQUES ITALIENNES (1796-1799), par *P. Gaffarel,* 1 vol. in-8 . . . . 5 fr.

ROUMANIE

HISTOIRE DE LA ROUMANIE CONTEMPORAINE (1822-1900), par *F. Damé.* 1 vol. in-8. . . . . 7 fr.

GRÈCE et TURQUIE

LA TURQUIE ET L'HELLÉNISME CONTEMPORAIN, par *V. Bérard.* 1 vol. in-18. 4ᵉ éd. *Ouvrage couronné par l'Académie française.* 3 50

BONAPARTE ET LES ILES IONIENNES (1797-1816), par *E. Rodocanachi.* 1 vol. in-8. . . . . 5 fr.

CHINE

HISTOIRE DES RELATIONS DE LA CHINE AVEC LES PUISSANCES OCCIDENTALES (1860-1900), par *H. Cordier.* T. I. 1861-1875. 1 vol. in-8, 10 fr. — T. II. 1876-1900. 1 vol. in-8, 10 fr. *(Paraîtra en octobre 1901.)*

EN CHINE. Mœurs et institutions — Hommes et faits, par *Maurice Courant.* 1 vol. in-16 . . . . 3 50

LE DRAME CHINOIS (1900), par *Marcel Monnier.* 1 vol. in-16. . . 2 50

E. Driault. LES PROBLÈMES POLITIQUES ET SOCIAUX A LA FIN DU XIXᵉ SIÈCLE. 1 vol. in-8. . . . . 7 fr.

Jules Barni. HISTOIRE DES IDÉES MORALES ET POLITIQUES EN FRANCE AU XVIIIᵉ SIÈCLE. 2 vol. in-18, chaque volume 3 50

— LES MORALISTES FRANÇAIS AU XVIIIᵉ SIÈCLE. 1 vol. in-18. . . . 3 50

E. de Laveleye. LE SOCIALISME CONTEMPORAIN. 1 volume in-18, 11ᵉ édition, augmentée. 3 50

E. Despois. LE VANDALISME RÉVOLUTIONNAIRE. 1 vol. in-18. 2ᵉ éd. 3 50

Eug. Spuller. FIGURES DISPARUES, portraits contemporains, littéraires et politiques. 3 vol. in-18, chaque vol. 3 50

Eug. Spuller. L'ÉDUCATION DE LA DÉMOCRATIE. 1 vol. in-18. . 3 50

Eug. Spuller. L'ÉVOLUTION POLITIQUE ET SOCIALE DE L'ÉGLISE. 1 vol. in-18. . . . . 3 50

G. Schefer. BERNADOTTE ROI (1810-1814-1844). 1 vol. in-8. . 5 fr.

C. Guéroult. LE CENTENAIRE DE 1789. Évolution politique, philos. artistique et scientifique de l'Europe depuis cent ans. In-18. . 3 50

[illegible]**nch.** PAGES RÉPUBLICAINES. 1 vol. in-18.   3 50
[illegible]**ose.** TRANSFORMATIONS SOCIALES. 1 vol. in-18   3 50
[illegible]**asse.** DU TRAVAIL ET DE SES CONDITIONS, 1 vol.   3 50
[illegible]**nthal.** SOUVERAINETÉ DU PEUPLE ET GOUVERNEMENT, 1 vol.   3 50
[illegible] LA VIE A PARIS PENDANT UNE ANNÉE DE LA RÉVOLUTION. 1 vol. in-18.   3 50
[illegible] L'ÉCOLE SAINT-SIMONIENNE. 1 vol. in-18   3 50
[illegible]**berger.** LE SOCIALISME UTOPIQUE. 1 vol. in-18.   3 50
[illegible] ET LA RÉVOLUTION FRANÇAISE. 1 vol. in-8.   5 fr.
[illegible] LA DISSOLUTION DES ASSEMBLÉES PARLEMENTAIRES,   5 fr.
[illegible] L'ÉVOLUTION DU SOCIALISME. 1 vol. in-18.   3 fr. 50

BIBLIOTHÈQUE DE PHILOSOPHIE CONTEMPORAINE

VOLUMES IN-12.

Br., 2 fr. 50; cart. à l'angl., 3 fr.; reliés, 4 fr.

H. Taine.
Philosophie de l'art dans les Pays-Bas. 3e édition.
Paul Janet.
Origines du socialisme contemporain. 2e éd.
Philosophie de Lamennais.
Alaux.
Philosophie de Victor Cousin.
Ad. Franck.
Philosophie du droit pénal, 4e édit.
Des rapports de la religion et de [illegible], 2e édit.
La philosophie mystique en France au XVIIIe siècle.
Beaussire.
Antécédents de l'hégélianisme dans la philosophie française.
Charles de Rémusat.
Philosophie religieuse.
Émile Saisset.
L'âme et la vie.
Auguste Laugel.
La critique et les Arts.
Camille Selden.
La Musique en Allemagne.
Mariano.
Philosophie contemp. en Italie.
Stuart Mill.
A. Comte et la philosophie positive. 4e édition.
La Religion. 2e édition.
E. Faivre.
La variabilité des espèces.

Ernest Bersot.
Libre philosophie.
Herbert Spencer.
Classification des sciences. 7e édit.
L'individu contre l'État. 5e éd.
Bertauld.
De la philosophie sociale.
Th. Ribot.
La philos. de Schopenhauer. 8e éd.
Les maladies de la mémoire. 14e éd.
Les maladies de la volonté. 15e éd.
Les maladies de la personnalité. 9e éd.
La psychologie de l'attention. 5e éd.
E. de Hartmann.
La Religion de l'avenir. 4e édition.
Le Darwinisme. 5e édition.
Schopenhauer.
Le libre arbitre. 8e édition.
Le fondement de la morale. 7e édit.
Pensées et fragments. 15e édition.
Marion.
J. Locke, sa vie, son œuvre, 2e édit.
Liard.
Les Logiciens anglais contemporains. 4e édition.
Définitions géométriques. 2e édit.
O. Schmidt.
Les sciences naturelles et la philosophie de l'Inconscient.
A. Espinas.
Philosophie expérim. en Italie.
John Lubbock.
Le bonheur de vivre. 2 vol. 5e éd.
L'emploi de la vie, 3e édit.

Mahn.
La justice pénale.

A. Lévy.
Morceaux choisis des philos. allem.

Roisel.
De la substance.
L'idée spiritualiste. 2e édit.

Zeller.
Christ. Baur et l'école de Tubingue.

Stricker.
Du langage et de la musique.

Coste.
Les conditions sociales du bonheur et de la force. 3e édition.

Binet.
Psychologie du raisonnement. 2e éd.

G. Ballet.
Langage intérieur et aphasie. 2e éd.

Mosso.
La peur. 2e éd.
La fatigue intellect. et phys. 2e éd.

Tarde.
La criminalité comparée. 4e éd.
Les transformations du droit. 2e éd.
Les lois sociales. 2e édit.

Paulhan.
Les phénomènes affectifs. 2e édit.
J. de Maistre, sa philosophie.
Psychologie de l'invention.

Ch. Richet.
Psychologie générale. 4e éd.

Delbœuf.
Matière brute et matière vivante.

Ch. Féré.
Sensation et mouvement. 2e édit.
Dégénérescence et criminalité. 3e éd.

Vianna de Lima.
L'homme selon le transformisme.

L. Arréat.
La morale dans le drame, l'épopée et le roman. 2e édition.
Mémoire et imagination (peintres, musiciens, poètes et orateurs).
Les croyances de demain.
Dix ans de philosophie (1890-1900).

De Roberty.
L'inconnaissable.
L'agnosticisme. 2e édit.
La recherche de l'Unité.
Auguste Comte et H. Spencer. 2e éd.
Le bien et le mal.
Psychisme social.
Fondements de l'éthique.
Constitution de l'éthique.

Bertrand.
La psychologie de l'effort.

Guyau.
La genèse de l'idée de temps. 2e éd.

Lombroso.
L'anthropologie criminelle.
Nouvelles recherches de psych. et d'anthropologie criminelle.
Les applications de l'anthropologie criminelle.

Thamin.
Éducation et positivisme. 2e éd.

Piaget.
Le monde physique.

Queyrat.
L'imagination chez l'enfant. 2e éd.
L'abstraction, son rôle dans l'éducation intellectuelle.
Les caractères et l'éducation morale.

G. Lyon.
La philosophie de Hobbes.

Wundt.
Hypnotisme et suggestion.

Fonsegrive.
La causalité efficiente.

Carus.
La conscience du moi.

G. de Greef.
Les lois sociologiques. 2e édit.

Th. Ziegler.
La question sociale est une question morale. 2e éd.

G. Danville.
La psychologie de l'amour. 2e éd.

Gustave Le Bon.
Lois psychologiques de l'évolution des peuples. 4e éd.
La psychologie des foules. 5e éd.

G. Dumas.
Les états intellectuels dans la mélancolie.

E. Durkheim.
Les règles de la méthode sociologique. 2e édit.

F.-F. Thomas.
La suggestion, son rôle dans l'éducation intellectuelle. 2e édit.
Morale et éducation.

Mario Pilo.
La psychologie du beau et de l'art.

Dunan.
Théorie psychologique de l'espace.

Lechalas.
Étude sur l'espace et le temps.

R. Allier.
Philosophie d'Ernest Renan.

Lange.
Les émotions.

G. Lefèvre.
Obligation morale et idéalisme.

Essais scientifiques. 3e éd. 7 fr. 50
De l'éducation physique, intellec-
tuelle et morale. 10e édit. 5 fr.
(V. *Bibl. sc. intern.*, p. 1 et 2.)

Collins.

Résumé de la phil. de H. Spencer.
3e éd. 10 fr.

Emile Saigey.

Les sciences au xvii° siècle. La
physique de Voltaire. 5 fr.

Paul Janet.

Les causes finales. 3e édit. 10 fr.
OEuvres phil. de Leibnitz. 2 vol. 20 fr.

Th. Ribot.

L'hérédité psycholog. 5e éd. 7 fr. 50
La psychologie anglaise contem-
poraine. 3e éd. 7 fr. 50
La psych. allem. contemp. 4e éd.
7 fr. 50
La psych. des sentim. 3e éd. 7 fr. 50
L'évolution des idées générales. 5 fr.
L'imagination créatrice. 5 fr.

Alf. Fouillée.

La liberté et le déterminisme. 7 fr. 50
Critique des systèmes de morale
contemporains. 4e éd. 7 fr. 50
La morale, l'art et la religion d'a-
près Guyau. 4e éd. 3 fr. 75
L'avenir de la métaphysique fondée
sur l'expérience. 2e édit. 5 fr.
L'évolution des idées-forces. 7 fr. 50
La psych. des idées-forces. 2 vol. 15 fr.
Tempérament et caractère. 7 fr. 50
Le mouvement idéaliste. 7 fr. 50
Le mouvement positiviste. 7 fr. 50
Psych. du peuple français. 7 fr. 50
La France au p. de v. moral. 7 50

Bain (Alex.).

La logiq. induct. et déduct. 3e éd.
2 vol. 20 fr.
Les sens et l'intell. 3e édit. 10 fr.
Les émotions et la volonté. 10 fr.

Matthew Arnold.

La crise religieuse. 7 fr. 50

Flint.

La philosophie de l'histoire en Allemagne. 7 fr. 50

Liard.

La science positive et la métaphysique. 4e édit. 7 fr. 50
Descartes. 5 fr.

Guyau.

La morale angl. cont. 4e éd. 7 fr. 50
Les problèmes de l'esthétique con-
temporaine. 6e éd. 5 fr.
Esquisse d'une morale sans obli-
gation ni sanction. 5e éd. 5 fr.
L'irréligion de l'avenir. 7e éd. 7 fr. 50
L'art au point de vue social. 7 fr. 50
Hérédité et éducation. 5e éd. 5 fr.

E. Naville.

La logique de l'hypothèse. 2e éd. 5 fr.
La physique moderne. 2e édit. 5 fr.
La définition de la philosophie. 5 fr.
Les philosophies négatives. 5 fr.

Marion.

La solidarité morale. 5e édit. 5 fr.

Schopenhauer.

Aphorisme sur la sagesse dans la
vie. 6e éd. 5 fr.
La quadruple racine du principe
de la raison suffisante. 5 fr.
Le monde comme volonté et représentation. 3 vol. 3e éd. 22 fr. 50

James Sully.

Le pessimisme. 2e éd. 7 fr. 50
Etudes sur l'enfance. 10 fr.

Buchner.

Science et nature. 2e édition. 7 fr. 50

Louis Ferri.

La psychologie de l'association, depuis Hobbes. 7 fr. 50

Scailles.

Ess. sur le génie dans l'art. 2e éd. 5 fr.

Preyer.

Éléments de physiologie. 5 fr.
L'âme de l'enfant. 10 fr.

Ad. Franck.

La philosophie du droit civil. 5 fr.

Clay.

L'alternative. 2e éd. 10 fr.

Bernard Perez.

Les trois premières années de l'en-
fant. 5e édit. 5 fr.
L'enfant de trois à sept ans. 5 fr.
L'éd. mor. dès le berceau. 4e éd. 5 fr.
L'éduc. intell. dès le berceau. 5 fr.

Lombroso.

La femme criminelle et la prostituée
(en collab. avec M. Ferrero).
1 vol. in-8 avec planches. 15 fr.
Le crime polit. et les révol. (en collab. avec M. Laschi). 2 vol. 15 fr.
L'homme criminel. 2 vol. avec atlas.
36 fr.

Ludovic Carrau.

La philosophie religieuse en Angleterre depuis Locke. 5 fr.

Sergi.

La psychologie physiologiq. 7 fr. 50

Piderit.

La mimique et la physiognomonie,
avec 95 fig. 5 fr.

Fonsegrive.

Le libre arbitre. 3e éd. 10 fr.

Roberty (E. de).

L'ancienne et la nouvelle philosophie. 7 fr. 50
La philosophie du siècle. 5 fr.

Garofalo.
La criminologie. 4e édit. 7 fr. 50
La superstition socialiste. 5 fr.

G. Lyon.
L'idéalisme en Angleterre au XVIIIe siècle. 7 fr. 50

Souriau.
L'esthétique du mouvement. 5 fr.
La suggestion dans l'art. 5 fr.

Fr. Paulhan.
L'activité mentale et les éléments de l'esprit. 10 fr.
Esprits logiques et esprits faux. 7 fr. 50

Barthélemy Saint-Hilaire.
La philosophie dans ses rapports avec les sciences et la religion. 5 fr.

Pierre Janet.
L'automatisme psychol. 8e éd. 7 fr. 50

Bergson.
Essai sur les données immédiates de la conscience. 2e édit. 3 fr. 75
Matière et mémoire. 5 fr.

E. de Laveleye.
De la propriété et de ses formes primitives. 5e édit. 10 fr.
Le gouvernement dans la démocratie. 3e éd. 2 vol. 15 fr.

Ricardou.
De l'idéal. 5 fr.

Romanes.
L'évol. ment. chez l'homme. 7 fr. 50

Pillon.
L'année philosophique. 10 vol.: 1890, 1891, 1892, 1894, 1895, 1896, 1897, 1898, 1899, 1900. Séparém. 5 fr.

Brunschvicg.
Spinoza. 3 fr. 75
La modalité du jugement. 5 fr.

Picavet.
Les idéologues. 10 fr.

Gurney, Myers et Podmore.
Les hallucin. télépath. 3e éd. 7 fr. 50

Arréat.
Psychologie du peintre. 5 fr.

L. Proal.
Le crime et la peine. 3e éd. 10 fr.
La criminalité politique. 5 fr.
Le crime et le suicide passionnels. 10 fr.

G. Hirth.
Physiologie de l'art. 5 fr.

Dewaule.
Condillac et la psychologie anglaise contemporaine. 5 fr.

Bourdon.
L'expression des émotions et des tendances dans le langage. 5 fr.

L. Bourdeau.
Le problème de la mort. 3e éd. 5 fr.
Le problème de la vie. 7 fr. 50

Novicow.
Les luttes entre soc. humaines. 10 fr.
Les gaspill. des soc. modernes. 5 fr.

Durkheim.
De la div. du trav. soc. 2e éd. 7 fr. 50
Le suicide, étude sociale. 7 fr. 50
L'année sociologique 1re, 2e, 3e et 4e années (1897-1898-1899-1900), chacune. 10 fr.

Payot,
L'éducation de la volonté. 11e éd. 5 fr.
De la croyance. 5 fr.

Ch. Adam.
La philosophie en France (première moitié du XIXe siècle). 7 fr. 50

H. Oldenberg.
Le Bouddha, sa vie, sa doctrine, sa communauté. 2e éd. 7 fr. 50

J. Pioger.
La vie et la pensée. 5 fr.
La vie sociale, la morale et le progrès. 5 fr.

Max Nordau.
Dégénérescence. 2 v. 5e éd. 17 fr. 50
Les mensonges conventionnels de notre civilisation. 4e éd. 5 fr.

P. Aubry.
La contag. du meurtre. 3e éd. 5 fr.

Fr. Martin.
La perception extérieure et la science positive. 5 fr.

A. Godfernaux.
Le sentiment et la pensée. 5 fr.

Em. Boirac.
L'idée de phénomène. 5 fr.

L. Lévy-Bruhl.
La philosophie de Jacobi. 5 fr.
Lettres inédites de J. Stuart Mill à Auguste Comte. 10 fr.
La philos. d'Aug. Comte. 7 fr. 50

G. Ferrero.
Les lois psychologiques du symbolisme. 5 fr.

G. Tarde.
La logique sociale. 7 fr. 50
Les lois de l'imitation. 2e éd. 7 fr. 50
L'opposition universelle. 7 fr. 50
L'opinion et la foule. 5 fr.

G. de Greef.
Le transformisme social. 2 éd. 7 fr. 50

Crépieux-Jamin.
L'écriture et le caractère. 4e éd. 7 fr. 50

J. Izoulet.
La cité moderne. 4e éd. 10 fr.

Thouverez.
Réalisme métaphysique. 5 fr.

Lang.
Mythes, cultes et religions. 10 fr.

Récéjac.
La connaissance mystique. 5 fr.

Aug. Comte.
La sociologie. 7 fr. 50

Duproix.
Kant et Fichte et le problème de l'éducation. 5 fr.

Brochard.
De l'erreur. 2e éd. 5 fr.

Em. Boutroux.
Études d'hist. de la philos. 7 50 fr.

C. Piat.
La personne humaine. 7 fr. 50
Destinée de l'homme. 5 fr.

P. Malapert.
Les éléments du caractère. 5 fr.

J.-M. Baldwin.
Le développement mental chez l'enfant et dans la race. 7 fr. 50

G. Fulliquet.
Sur l'obligation morale. 7 fr. 50

Jean Pérès.
L'art et le réel. 3 fr. 75

H. Lichtenberger.
Richard Wagner, poète et penseur. 2e édit. 10 fr.

E. Goblot.
La classific. des sciences. 5 fr.

A. Bertrand.
L'enseignement intégral. 5 fr.
Les études dans la démocratie. 5 fr.

E. Sanz y Escartin.
L'individu et la réforme sociale. 7 fr. 50

Max Muller.
Nouv. études de Mythol. 12 fr. 50

A. Coste.
Principes d'une sociol. obj. 3 fr. 75
L'expérience des peuples. 10 fr.

Durand de Gros.
Taxinomie générale. 5 fr.
Esthétique et morale. 5 fr.
Variétés philosophiques 2c éd. 5 fr.

F. Rauh.
De la méthode dans la psychologie des sentiments. 5 fr.

G.-L. Duprat.
L'instabilité mentale. 5 fr.

L. Gérard-Varet.
L'ignorance et l'irréflexion. 5 fr.

P.-Félix Thomas.
L'éducation des sentiments. 5 fr.

Gustave Le Bon.
Psychologie du socialisme. 7 fr. 50

A. Espinas.
La philosophie sociale au XVIIIe siècle et la Révolution. 7 fr. 50

Hannequin.
Ess. sur l'hypoth. des atomes. 7 fr. 50

R. de la Grasserie.
De la psychologie des religions. 5 fr.

Ouvré.
Form. lit. de la pensée grecque. 10 fr.

Renard.
La méthode scientifique de l'histoire littéraire. 10 fr.

Bouglé.
Les idées égalitaires. 3 fr. 75

Lechartier.
David Hume, moraliste et sociologue. 3 fr. 75

Sollier.
Psychologie de l'idiot et de l'imbécile. 2e éd. 5 fr.
Le problème de la mémoire. 3 fr. 75

G. Dumas
La tristesse et la joie. 7 fr. 50

H. Hoffding.
Esquisse d'une psychologie fondée sur l'expérience. 7 fr. 50

Alengry.
La sociologie chez Aug. Comte. 10 fr.

Barzellotti.
La philosophie de H. Taine. 7 fr. 50

Stein.
La question sociale au point de vue philosophique. 10 fr.

Renouvier.
Les dilem. de la métaph. pure. 5 fr.
Hist. et solut. des problèmes métaphys. 7 fr. 50

Sighèle.
La foule criminelle. 5 fr.

Leclère.
Le droit d'affirmer. 5 fr.

E. Halévy.
La form. du radicalisme philos.
I. *La jeunesse de Bentham*, 7 fr. 50
II. *Évol. de la doctr. utilitaire*, 1789-1815. 7 fr. 50

P. Hartenberg.
Les timides et la timidité. 5 fr.

Coulommiers. — Imp. PAUL BRODARD. — 556-1901.